やったね！すごい！シール

1問終わったら，「よくやったね！
　　　　　　　　　　　　　　　らう。

JN022624

おめでとう！

おめでとう！

▲ 35問目が
終わったらはろう！

▲ 70問目が
終わったらはろう！

小学3年生めやす

キャラクターシール

このドリルに出てくるみんなの
シールだよ。じゆうにつかってね。

この ドリルの 使い方

このドリルには，楽しく解ける算数・数学の問題がたくさんつまっているよ。
このドリルを解いてみて，自分のあたまで考えるチャレンジをしてみよう。

きみの
3つの力を
のばす！

よみとき
（読解力）

なぞとき
（論理力）

ひらめき
（発想力）

2ステップ70問

すこしやさしめ～ふつうレベル

すこしむずかしめレベル

ステップ1（練
習問題35問）は，
きみの考える力
の土台をつくる
んだ

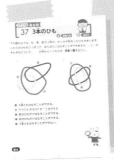

ステップ2（過
去問35問）は，
より深く考える
ことが必要な問
題だよ

新しく
つくられた
問題だよ

かんがえるん（ふくろう）と
ひらめきん（うさぎ）が出すヒントを
読んで，解いてみよう。

実際に算数・
数学思考力検定
9級で出された
問題なんだ

問題文をよく読んでチャレンジ！
自分のペースでやってみよう

このドリルはみんなの
考える力を伸ばすよ

できたら，おうちの人に
答え合わせをしてもらおう！

全部で70問の問題が
のっているんだよ

解きおわったら，
このドリルの後ろ
にある，「よくやっ
たね！シート」に
シールをはろう

ドリルのはじめには，「やったね！
すごい！シール」がついているよ

70問できたらおめでとう！
きみの考える力は超レベルアップ。
いっしょにがんばろう！

よみときちゃん
- 情報，条件を読み解くことが得意な女の子。
- いつも元気いっぱい！

なぞときくん

- 筋道を立てて考えることが大好きな男の子。
- いつだってあきらめない。

ひらめきん
- 物の形をイメージすることが大好きなうさぎ。
- いつも笑顔のやさしい子。

かんがえるん

- 自分のあたまで考えることができるふくろう。
- こまったときにそっと助けてくれるよ。

いっしょにがんばるお友だち

このドリルにたくさん出てくるお友だちだよ。
いっしょにがんばろう！

すうりょうきゃっと　かたちいぬ　へんかとまと

ばななでぃー　ろんりぃー　しこうりき

もくじ

ステップ1 練習問題

1 こうかのまい数 ······ 3
2 つみ木の数 ······ 4
3 いすの高さ ······ 5
4 どのおかしを買える？ ······ 6
5 4人のテストの点数 ······ 7
6 取るのは何こ？ ······ 8
7 野さいをいくつ買う？ ······ 9
8 色板は何まい？ ······ 10
9 じゅんに進むと ······ 11
10 ナンバープレート ······ 12
11 数を分けよう ······ 13
12 切って広げると ······ 14
13 習い事は？ ······ 15
14 4しゅるいのしるし ······ 16
15 どのように見える？ ······ 17
16 数をつくろう ······ 18
17 形を分けよう ······ 19
18 線でつなぐと ······ 20
19 マラソン大会のじゅんい ······ 21
20 お金をこうかんしよう ······ 22
21 さかさまにしたら？ ······ 23
22 どんな数が入る？ ······ 24
23 交わったところにあるくだもの ······ 25
24 待ち合わせ ······ 26
25 何こ分の広さ？ ······ 27

26 たすと同じ数 ······ 28
27 マス25こを分けよう ······ 29
28 ジュースのビンを
　こうかんしよう ······ 30
29 カードの数字 ······ 31
30 線路のカード ······ 32
31 黒と白の石 ······ 33
32 さいころの面の数 ······ 34
33 筆算 ······ 35
34 やくそくどおりに ······ 36
35 箱のもよう ······ 37

ステップ2 過去問

36 地図 ······ 38
37 3本のひも ······ 39
38 4けたの数 ······ 40
39 みさきさんのお兄さん ······ 41
40 土地のまわりの長さ ······ 42
41 ○×クイズ ······ 43
42 見える数字は？ ······ 44
43 たし算のルール ······ 45
44 時計 ······ 46
45 かわるもよう ······ 47
46 計算のきかい ······ 48
47 前から何番目 ······ 49
48 12まいのカードと3つの箱 ······ 50

49 11このとびら ······ 51
50 ちゅう車場 ······ 52
51 時こく表 ······ 53
52 板にぬるペンキ ······ 54
53 パンのねだん ······ 55
54 何時何分？ ······ 56
55 ぼうしの色 ······ 57
56 さいころの形を作ろう ······ 58
57 さいころの数字 ······ 59
58 何こ使われているかな ······ 60
59 回る歯車 ······ 61
60 4人が来た時こく ······ 62
61 おり紙のじゅん ······ 63
62 食べ物をこうかんしよう ······ 64
63 マッチぼう ······ 65
64 けい子さんはだれでしょう ······ 66
65 曲がって曲がって ······ 67
66 歩いて何分？ ······ 68
67 たん生日はいつ？ ······ 69
68 じゅん番 ······ 70
69 1人ずつしかわたれない橋 ······ 71
70 2まいのカード ······ 72

答えと解説

ステップ1 ······ 73
ステップ2 ······ 85

1 こうかのまい数

数 算数内容　　情 思考力

ふくろの中に，50円玉，10円玉，5円玉，1円玉がたくさん入っています。みきさんとけんじさんが，ふくろの中から3まいのこうかを取り出して，その合計金がくをくらべました。

このとき，下の問いに答えなさい。

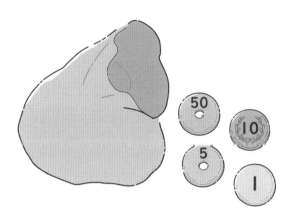

(1) みきさんの合計金がくが65円でした。どのこうかを何まい取り出しましたか。

(2) けんじさんの合計金がくが21円でした。どのこうかを何まい取り出しましたか。

答え

(1) _____　　(2) _____

2 つみ木の数

空◀算数内容　　形◀思考力

同じ大きさのさいころの形をしたつみ木を使って，ア，イの形をつくりました。

ア，イの形をつくるのに使ったつみ木の数と同じ数のつみ木を使っているものを下の(1)〜(6)からそれぞれえらびなさい。

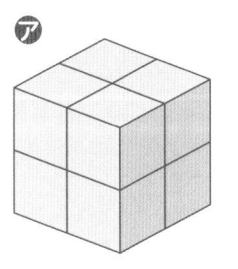
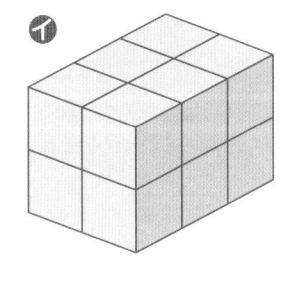

(1)
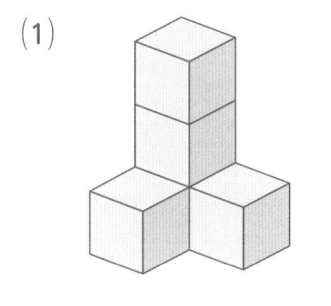

(2)
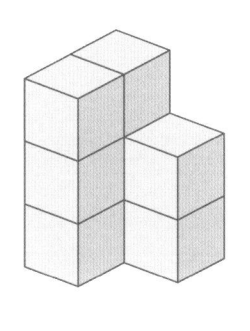

(3)
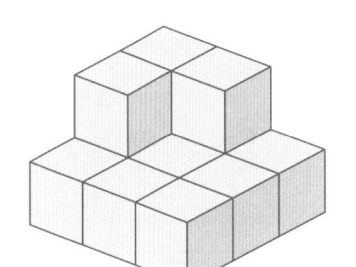

(4)
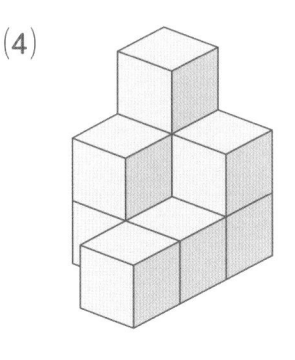

(5)
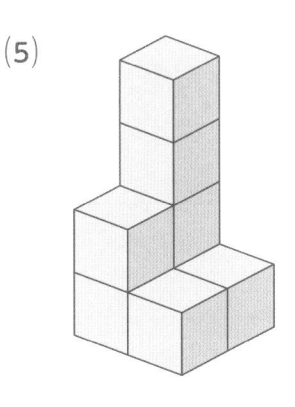

(6)
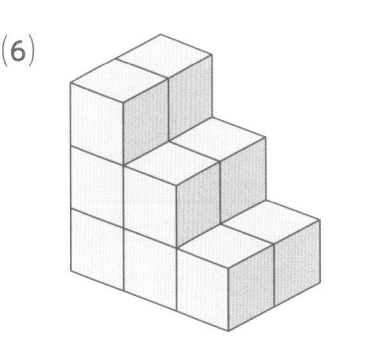

答え

ア _____　　　イ _____

3 いすの高さ

変 算数内容　情 思考力

さとみさんの身長は1m36cmです。さとみさんが次の図のようにいすの上に立って高さをはかったら，1m67cmでした。

このとき，下の問いに答えなさい。

さとみさん

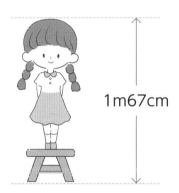

1m67cm

(1) いすの高さは何cmですか。

(2) たけるさんが同じいすの上に立って高さをはかったら，1m75cmありました。

たけるさんの身長は何m何cmですか。

たけるさん

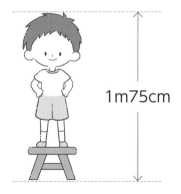

1m75cm

答え

(1)　　　　　　　　　　　　　(2)

5

ステップ1 練習問題
4 どのおかしを買える?

数 算数内容 情 思考力

つばきさんは，おかしを買いにお店にいきました。
おかしとねだんは，次のとおりでした。このとき，下の問いに答えなさい。

ガム
55円

チョコレート
95円

ポテトチップス
75円

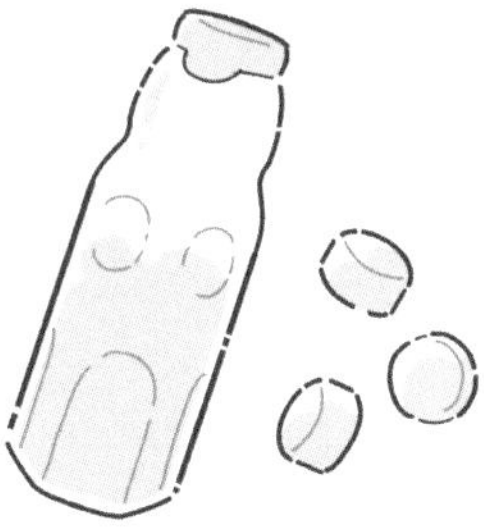

ラムネ
30円

グミ
60円

ジュース
110円

(1) ちがうおかしを1つずつ，合わせて2こ買って合計を115円にするには，どのおかしを買えばよいですか。

(2) ちがうおかしを1つずつ，合わせて3こ買って合計を215円にするには，どのおかしを買えばよいですか。

答え

(1) _____   (2) _____

5 4人のテストの点数

論 算数内容 筋 思考力

かなさん，けんたさん，ゆみさん，あきらさんが算数のテストをしました。合かく点は80点です。4人のテストの点数は，ひくいじゅんに70点，75点，80点，90点でした。
次の3人の話から，4人のテストの点数を答えなさい。

けんた 「かなさんは，ぼくより高い点数だったよ。」

ゆ み 「わたしは，あきらさんよりひくい点数だったわ。」

あきら 「ぼくは，合かく点よりひくい点数だったよ。」

合かく点を
きじゅんにして
くらべてみよう。

答え

かなさん…　　　　　　　　　　　　　けんたさん…

ゆみさん…　　　　　　　　　　　　　あきらさん…

7

ステップ1 練習問題

れん しゅう もん だい

6 取るのは何こ？

と　　　　　なん

空 算数内容　　形 思考力
くう　さん すう ない よう　かたち　し こう りょく

次の(1), (2)の図のように，さいころの形をしたつみ木を使って，あの形をつくりました。この形から，つみ木を何こ取るといの形になりますか。

(1)

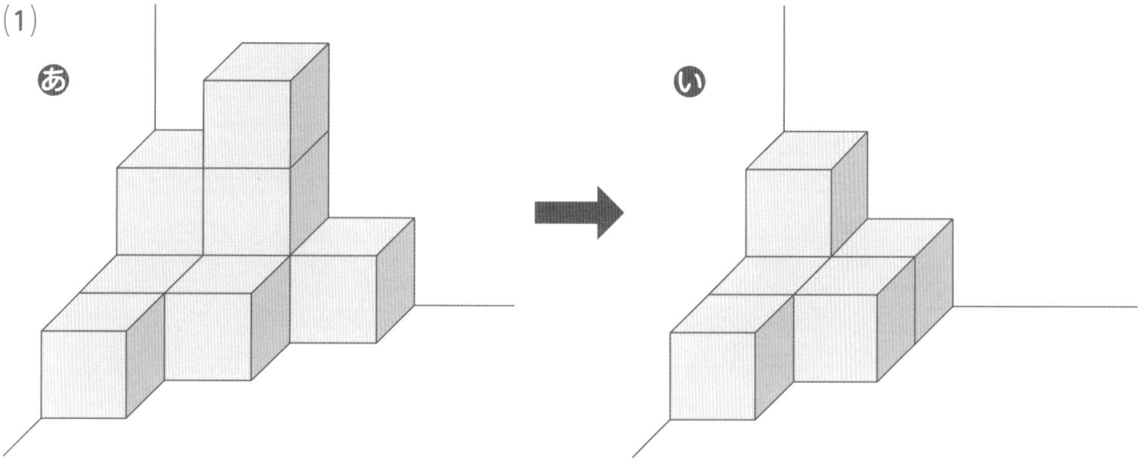

あ ➡ い

(2)

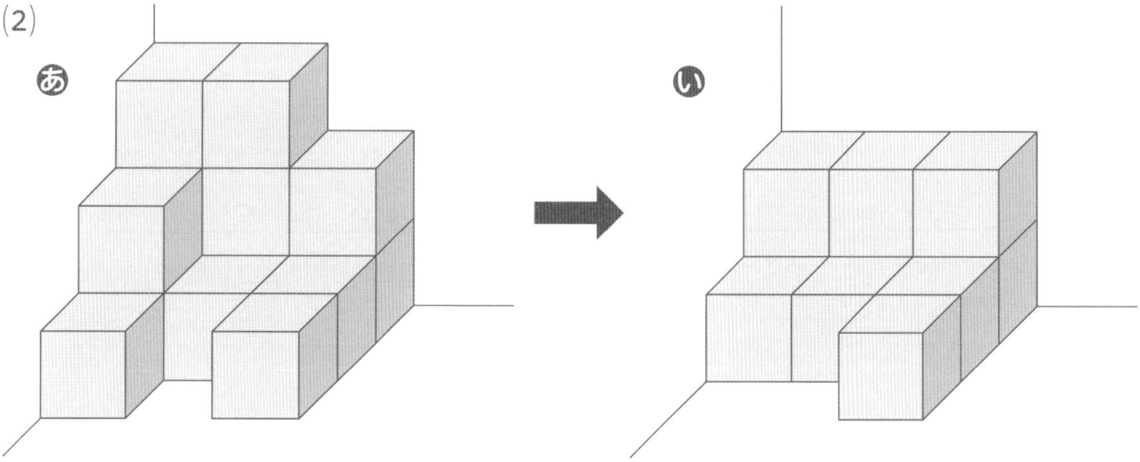

あ ➡ い

あの形といの形をくらべてちがうところは？

答え
こた

(1) _____ (2) _____

8

7 野さいをいくつ買う?

数 算数内容 情 筋 思考力

あるスーパーマーケットでは, 下の⑦～①のように野さいを売っています。
次の問いに答えなさい。

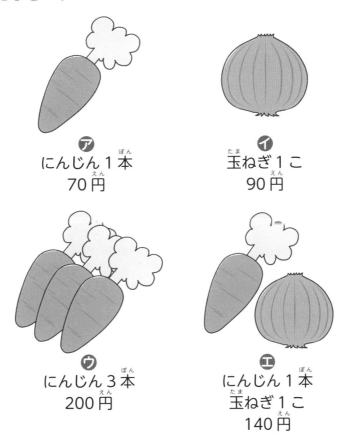

⑦
にんじん1本
70円

⑦
玉ねぎ1こ
90円

⑦
にんじん3本
200円

①
にんじん1本
玉ねぎ1こ
140円

(1) にんじんを7本, 玉ねぎを3こ買うとき, いちばん安いねだんにするには,
⑦～①をそれぞれいくつ買えばよいですか。

(2) (1)のように買うとき, 全部で何円になりますか。

答え

(1) ⑦　　　　⑦　　　　⑦　　　　①　　　(2)

8 色板は何まい？

空 算数内容　形 思考力

下の(1)，(2)の形は，右の色板を何まい使ってできていますか。

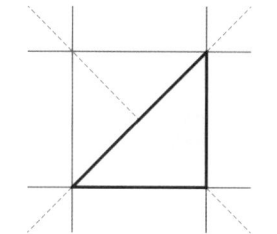

(1)

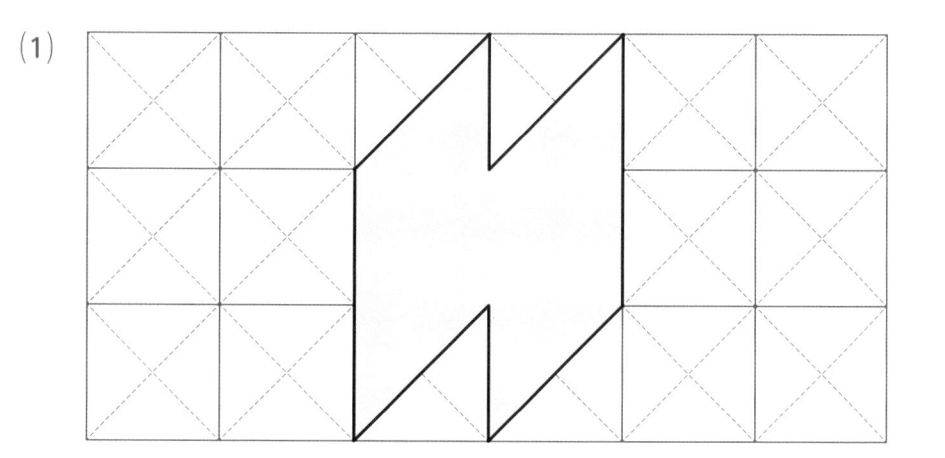

(2)

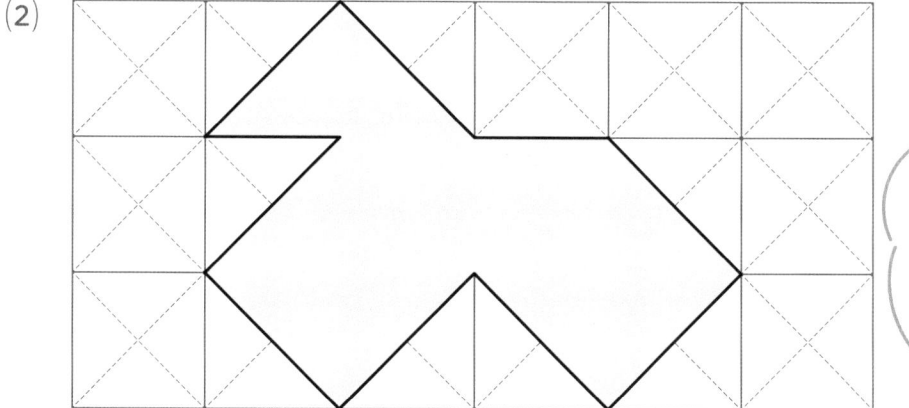

(1)，(2)の形に
線をひいて色板を
分けてみよう。

答え

(1)　　　　　　　　　　(2)

9 じゅんに進むと

変 算数内容　筋 思考力

次のルールを守って進むコースを，[れい] をさんこうにして線をひきなさい。

ルール

❶ ㋐からスタートして㋑まで，１マスずつ進む。

❷ ヘビのいるマスは通れない。

❸ ヘビのいないマスはぜんぶ通らなければいけない。

❹ ななめに進むことはできない。

❺ 同じマスは１回しか通れない。

[れい]

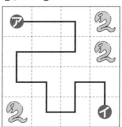

右のマスにかき入れましょう▶

(1)

(2)

(3)
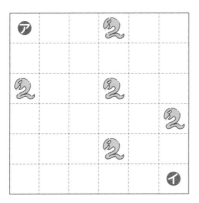

(4)
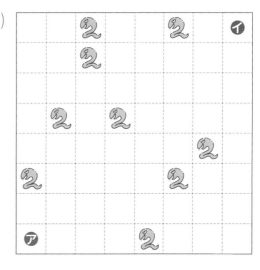

10 ナンバープレート

数 算数内容　　情 思考力

自動車のナンバープレートには，土地の名前やひらがなのほかに，[れい] の [52-96] のようにならんでいる数があります。

この数のならぶじゅんじょをかえないで，[れい] のように，数の間に，＋，－のいずれかを1つ入れて，その答えが10になる計算式をつくりなさい。

[れい]

京都 344
な **52-96**

➡ 5，2，9，6 ➡ 5＋2＋9－6＝10

答え　5＋2＋9－6

(1)
品川 589
に **4-82**

(2)
名古屋 810
ぬ **79-33**

(3)
札幌 635
ね **27-56**

(4)
福岡 460
の **96-81**

答え

(1)
_____

(2)
_____

(3)
_____

(4)
_____

11 数を分けよう

デ 算数内容　　情 思考力

下の ┌┈┈┈┐ の中にある8この数について，┌──┐ の中のしつ問に「はい」
か「いいえ」で答えていきます。次の㋐〜㋗に入る数をそれぞれ答えなさい。

345,　190,　715,　638,　235,　869,　942,　448

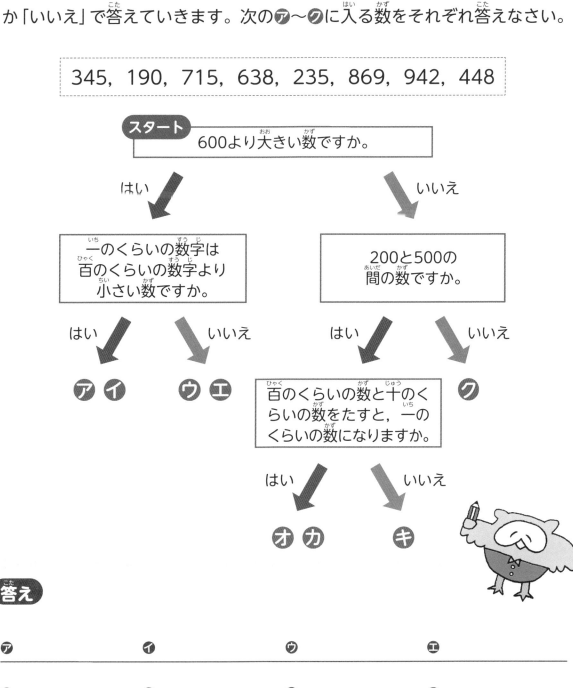

スタート
600より大きい数ですか。

はい　　　　　　　　　いいえ

一のくらいの数字は
百のくらいの数字より
小さい数ですか。

200と500の
間の数ですか。

はい　　　いいえ　　　　　はい　　　いいえ

㋐㋑　　㋒㋓

百のくらいの数と十のく
らいの数をたすと，一の
くらいの数になりますか。

㋗

はい　　　　　いいえ

㋔㋕　　　㋖

答え

㋐	㋑	㋒	㋓

㋔	㋕	㋖	㋗

12 切って広げると

空 算数内容 形 思考力

下の図のように，おり紙を2回おります。このように2回おったおり紙の色がついた部分を切り取り，のこったおり紙を広げます。このときにできる形はどれですか。次の㋐〜㋔の中からえらんで答えなさい。

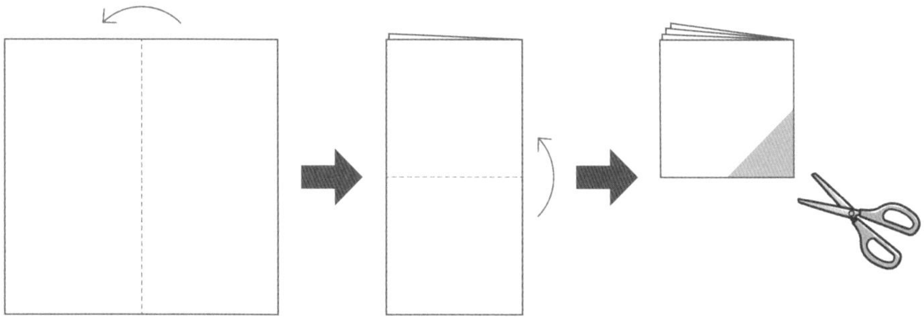

(1)

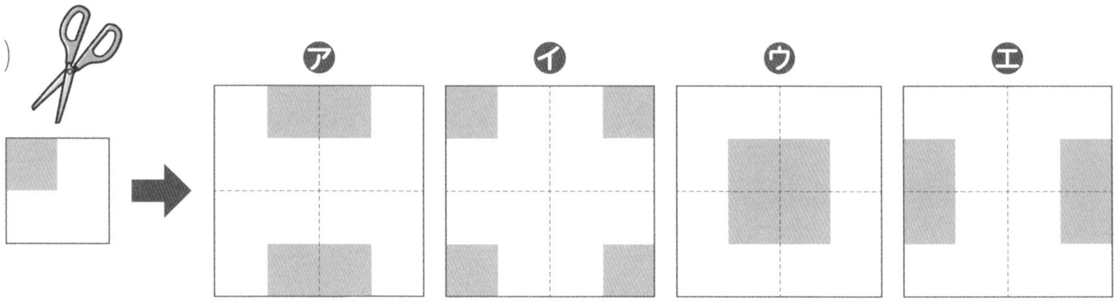

㋐　㋑　㋒　㋓

(2)

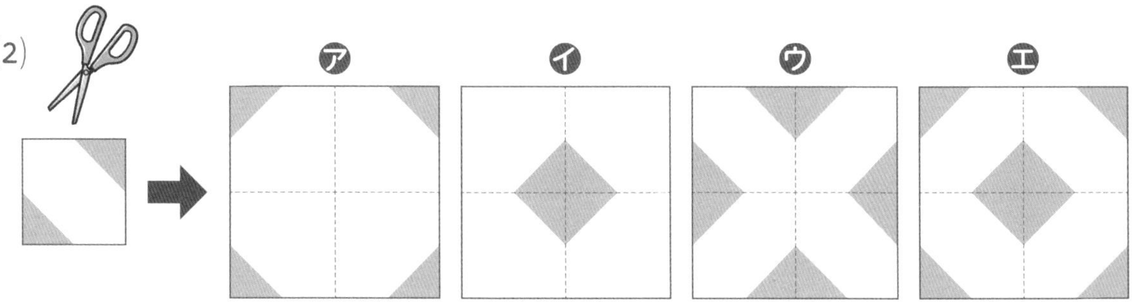

㋐　㋑　㋒　㋓

答え

(1) _____　(2) _____

14

13 習い事は？

論 算数内容　　筋 思考力

みきさん，ゆいさん，さやかさんの3人は，それぞれちがうしゅるいの習い事をしています。習い事は，バレエ，ピアノ，水泳です。また，習い事の曜日は，月曜日，火曜日，金曜日のどれかで，すべてちがう曜日です。下の3人の話から，3人の習い事とその曜日を答えなさい。

みき　「わたしの習い事は，バレエでも水泳でもないわ。」
ゆい　「わたしの習い事の曜日は，火曜日でも金曜日でもないわ。」
さやか　「わたしの習い事は水泳ではないし，曜日は金曜日ではないわ。」

> 3人の
> 習い事と曜日を
> 表にまとめてみよう。

答え

みきさん　…　習い事：＿＿＿＿＿＿＿，曜日：＿＿＿＿＿＿＿

ゆいさん　…　習い事：＿＿＿＿＿＿＿，曜日：＿＿＿＿＿＿＿

さやかさん　…　習い事：＿＿＿＿＿＿＿，曜日：＿＿＿＿＿＿＿

14 4しゅるいのしるし

変◀算数内容　情◀思考力

○，×，◎，△の4しゅるいのしるしを，下の図のように，はじめからきそく正しくくり返しならべていきます。

はじめから
何番目 → 　1　2　3　4　5　6　7　8　9　10　11　12
　　　　　○　×　◎　◎　△　○　×　◎　◎　△　○　×　……

たとえば，はじめから7番目のしるしは×です。
次の問いに答えなさい。

(1) しるしはどのようなきそくでくり返していますか。

(2) はじめから20番目のしるしを答えなさい。

(3) はじめから30番目までに◎は何こありますか。

同じしるしが
ならんでいるところを
考えよう。

(4) ◎の15こ目ははじめから何番目のしるしですか。

答え

(1)
_____

(2) 　　　　　　　(3) 　　　　　　　(4)

16

15 どのように見える？

空 算数内容 形 思考力

同じ大きさのさいころの形をしたつみ木でいろいろな形をつくりました。[れい]のように，➡の方向から見たときの図をかきなさい。

[れい]

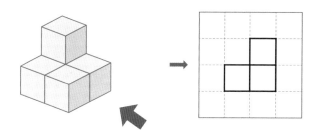

(1)

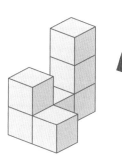

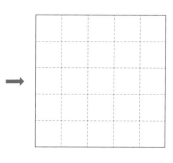

左のマスにかき入れましょう◀

(2)

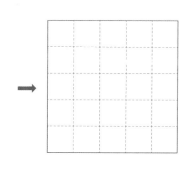

下のだんから考えるとわかりやすいよ。

(3)

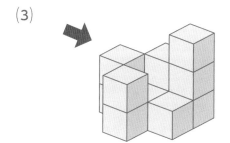

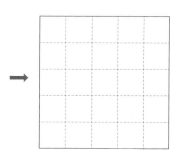

16 数をつくろう

数 算数内容　　情 思考力

| 0 | , | 1 | , | 4 | , | 7 | , | 9 | の5まいのカードから4まいを取

り出して，4けたの数をつくります。次の問いに答えなさい。

(1) | 1 | , | 4 | , | 7 | , | 9 | を取り出したときにできるいちばん大

きい数は，いくつですか。

(2) | 0 | , | 1 | , | 7 | , | 9 | を取り出したときにできるいちばん小

さい数は，いくつですか。

(3) | 0 | , | 4 | , | 7 | , | 9 | を取り出したときにできる2番目に大

きい数は，いくつですか。

答え

(1) 　　　　　　　　(2) 　　　　　　　　(3)

17 形を分けよう

空 算数内容 形 思考力

下の図1のような形があります。この図形を図2のように，太線をひくと，形も大きさもまったく同じ2つの形に分けることができます。

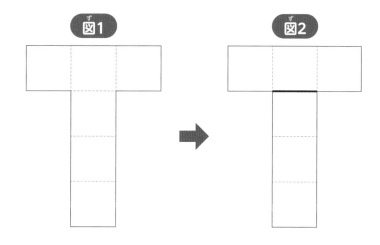

図1 → 図2

次の場合の線のひき方をかき入れなさい。

(1) 3つの形に分ける。　(2) 4つの形に分ける。　(3) 2つの形に分ける。

右のマスにかき入れましょう▶

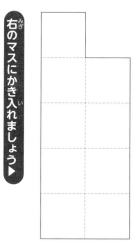

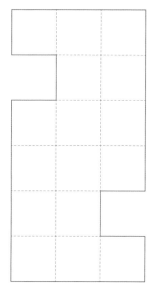

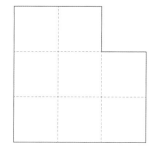

18 線でつなぐと

変 ＜ 算数内容　　筋 ＜ 思考力

次のルールを守って，[れい] のように同じカタカナを線でつなぎなさい。

ルール

❶ アとア，イとイ・・・というように同じ
カタカナを1本の線でつなぐ。

❷ 線はあいているマスを通る。

❸ カタカナのあるマスは通れない。

❹ カタカナのないマスを
ぜんぶ通らなければいけない。

❺ 線は同じマスには1本しか通れない。

❻ ななめに進んではいけない。

[れい]

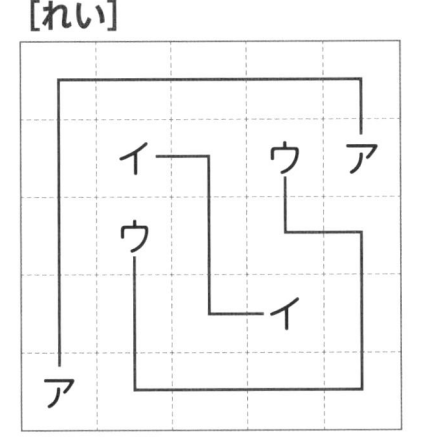

右のマスにかき入れましょう▶

(1)

	イ	ア
ア		イ

(2)

イ		
	ア	イ	ア
		ウ
ウ		

(3)

		イ
イ	ア	ウ
ア	ウ	

(4)

ア		ウ
	イ	ア
ウ		イ

19 マラソン大会のじゅんい

論 算数内容　筋 思考力

けんたさん，りょうさん，さとしさん，あきらさんの4人がマラソン大会に出場しました。4人のじゅんいは，次のようになっています。

❶ あきらさんは，さとしさんより上のじゅんい。

❷ りょうさんは，さとしさんより下のじゅんい。

❸ けんたさんは，りょうさんより上のじゅんい。

❹ あきらさんは，けんたさんより下のじゅんい。

上の❶〜❹を読んで，4人のじゅんいを上からじゅんに書きなさい。

❶〜❹から
4人のじゅんいを
表にまとめよう。

答え

　　　　　　→　　　　　　→　　　　　　→

20 お金をこうかんしよう

変 ◀ 算数内容　情 ◀ 思考力

50円玉が2まいあれば100円玉1まいとこうかんできて，10円玉が5まい
あれば50円玉1まいとこうかんしてもらえます。

(1) しょうたさんは下の図のお金を持っています。このお金をできるだけま
い数が少なくなるようにこうかんしてもらいました。しょうたさんが
持っている100円玉，50円玉，10円玉はそれぞれ何まいになりますか。

(2) はるなさんは，10円玉を47まい持っています。このお金をできるだけ
まい数が少なくなるようにこうかんしてもらいました。はるなさんが
持っている100円玉，50円玉，10円玉はそれぞれ何まいになりますか。

答え

(1) 100円玉	50円玉	10円玉
(2) 100円玉	50円玉	10円玉

21 さかさまにしたら？

空 ◀ 算数内容　　　形 ◀ 思考力

下の図のようなもようがかいてあるカードを，矢じるしの方向に回して，上と下をさかさまにしました。このとき，もようはどうなりますか。図のあいている□にあてはまるもようをかきなさい。

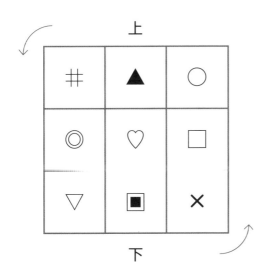

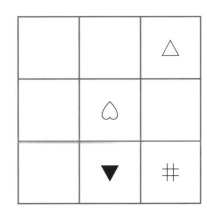

左のマスにかき入れましょう◀

さかさまにすると
見え方が変わる
もようがあるよ。

22 どんな数が入る？

数〈算数内容　情〈思考力

[れい] のように，2つの数をたした答えを矢じるしの先の ▢ の中に入れます。このとき，次の ▢ の中に入る数を書き入れなさい。

[れい]

```
        25
       ↗  ↖
     7      18
```
7＋18＝25

(1) 右のマスにかき入れましょう▶

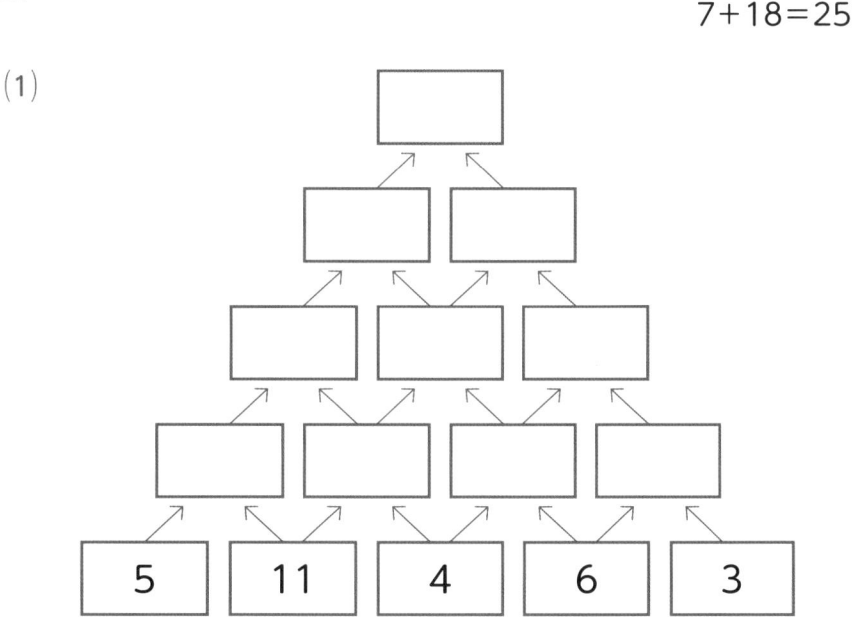

5	11	4	6	3

(2) 右のマスにかき入れましょう▶

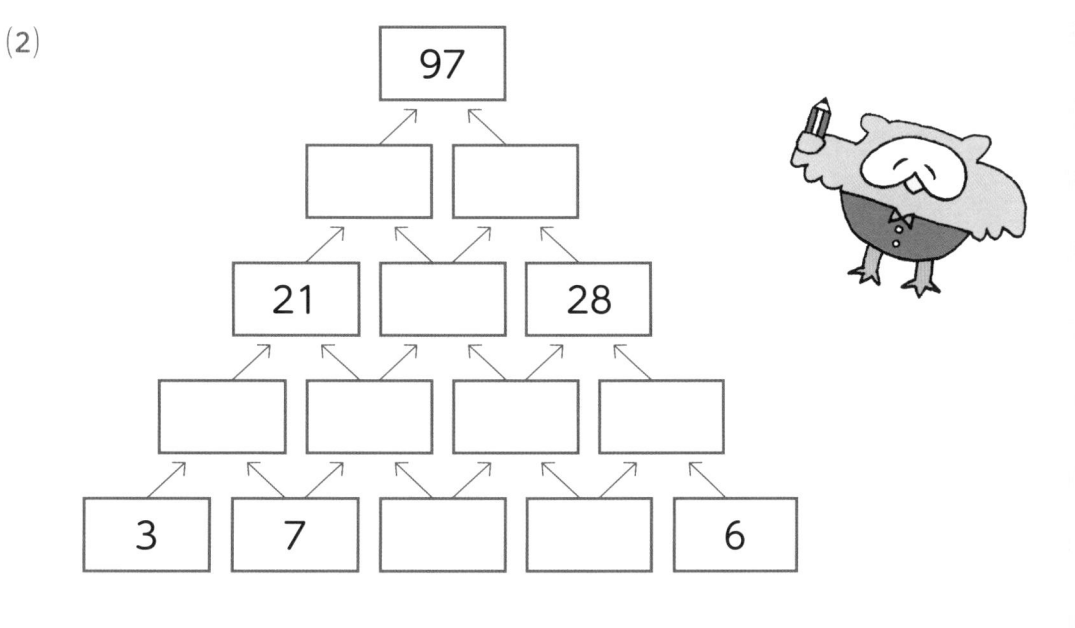

```
          97
        ↗    ↖
     [   ]    [   ]
    ↗  ↖    ↗  ↖
  21    [   ]    28
```

| 3 | 7 | | | 6 |

23 交わったところにあるくだもの

変 算数内容　情 思考力

次の図で，横の列の「1」とたての列の「2」が交わったところにあるくだものはバナナです。このことを，「(1・2) にあるくだものはバナナ」と表します。たとえば，(3・1) にあるくだものはみかんです。このとき，下の問いに答えなさい。

たての列

	1	2	3	4
1	いちご	バナナ	みかん	いちご
2	バナナ	りんご	いちご	バナナ
3	みかん	いちご	りんご	みかん
4	メロン	りんご	ぶどう	メロン

横の列

(1) (2・4) にあるくだものは何ですか。

(2) (□・□) にあるくだものはぶどうです。□にあてはまる数を書きなさい。

横の列とたての列をまちがえないように。

答え

(1)　　　　　　　　　　(2)

24 待ち合わせ

論 算数内容　　筋 思考力

あきさん，けんじさん，るみさん，たくやさんの4人が駅で待ち合わせをしました。駅に着いたじゅん番について，4人は次のように話しています。

るみ	「わたしはたくやさんより後に着いたよ。」
けんじ	「ぼくは1番目ではないよ。」
あき	「わたしは，たくやさんより先に着いたよ。」
たくや	「ぼくとけんじさんの間に1人いたよ。」

駅に着いたじゅんに1番目から4番目まで名前を答えなさい。

4人の話から
着いたじゅんを
表にまとめてみよう。

答え

1番目	2番目	3番目	4番目

25 何こ分の広さ？

空 ▸ 算数内容　　形 ▸ 思考力

下の図はマス目にいろいろな形をかいたものです。㋐の形の大きさを1こ分としたときに，㋑～㋔の図形はそれぞれ何こ分の広さになっていますか。

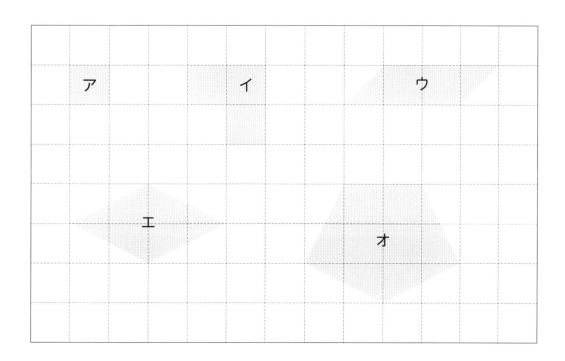

㋐の形がないときは，
くみ合わせて
広さを考えよう。

答え

㋑	㋒	㋓	㋔

26 たすと同じ数

数 算数内容　　情 思考力

1から9までの9つの数を□の中に入れて，どのたての3つの数をたしても，どの横の3つの数をたしても答えが15になるようにします。

まず，1から4までの数を，下のように入れました。のこりの□に5から9までの数を書き入れなさい。

▼下の図にかき入れましょう

2		4
		3
	1	

たてと横で
3つの数のうち
2つの数が入っている
ところから考えよう。

27 マス25こを分けよう

空 算数内容 形 思考力

次のルールを守って，[れい]のように，小さい正方形のマス25こからできている大きな正方形をいくつかの長方形や正方形に分ける線をひきなさい。

ルール

❶ 図の中の点線（------）にそって線をひく。

❷ 分けられた形はどれも長方形か正方形でなければいけない。

❸ 分けられた形の中に数字が1つずつ入っていなければいけない。

❹ 分けられた形の中の数字が，分けたときの小さいマスの数と同じでなければいけない。

[れい]

小さいマス1こ分

4				
		6		
				5
6				
			1	

➡

4				
		6		
				5
6				
			4	

右のマスにかき入れましょう▶

(1)
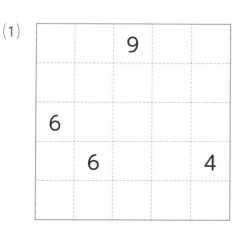

(2)
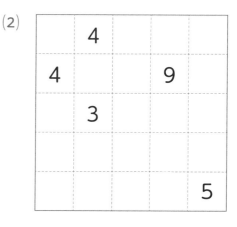

28 ジュースのビンをこうかんしよう

変 算数内容　情 思考力

あるお店では，ジュースの空きビンを何本か持っていくと，新しいジュースとこうかんしてもらえます。
ジュースAの空きビン4本は，新しいジュースA1本とこうかんできます。

また，ジュースBの空きビン5本は，新しいジュースB1本とこうかんできます。

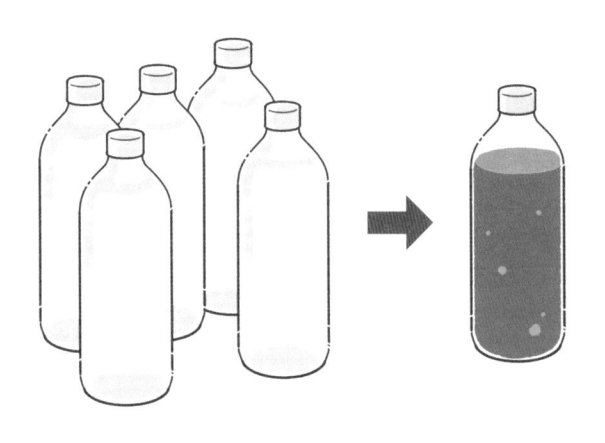

(1) このお店でジュースAを12本買って，それぞれ飲んだジュースの空きビンを新しいジュースにこうかんしていくと，ジュースAは何本飲むことができますか。

(2) このお店でジュースAを26本，ジュースBを27本買って，それぞれ飲んだジュースの空きビンを新しいジュースにこうかんしていくと，ジュースAとジュースBのどちらを多く飲むことができますか。

答え

(1) _____　(2) _____

29 カードの数字

論 算数内容 　筋 思考力

1 から 4 までの数字を1つ

ずつ書いたカードが1まいずつあります。このカードを，まきさん，ゆみさん，ひろしさんの3人に1まいずつくばりました。3人はそれぞれ自分のカードの数字は見ないように

して，あとの2人に見えるようにしました。くばられなかったあと1まいのカードの数字はだれも見ることができません。

3人は他の人のカードの数字を見て，次のように話しています。

まき 「のこった1まいのカードの数字は2でわれる数だね。」

ゆみ 「まきさんのカードは4ではないよ。」

ひろし 「ぼくのカードは1でも2でもないな。」

この話から，まきさん，ゆみさん，ひろしさんの3人にくばられたカードの数字を答えなさい。

答え

まきさん 　　　　　　ゆみさん 　　　　　　ひろしさん

30 線路のカード

空 算数内容　　形 思考力

下の図のように，電車が線路の上を走ってスタートからゴールまで進むようにします。❶〜❹の□に入る線路のカードを，次の**あ**〜**え**の中からそれぞれえらび，記号で答えなさい。

ただし，カードは回して，向きをかえることができるものとします。

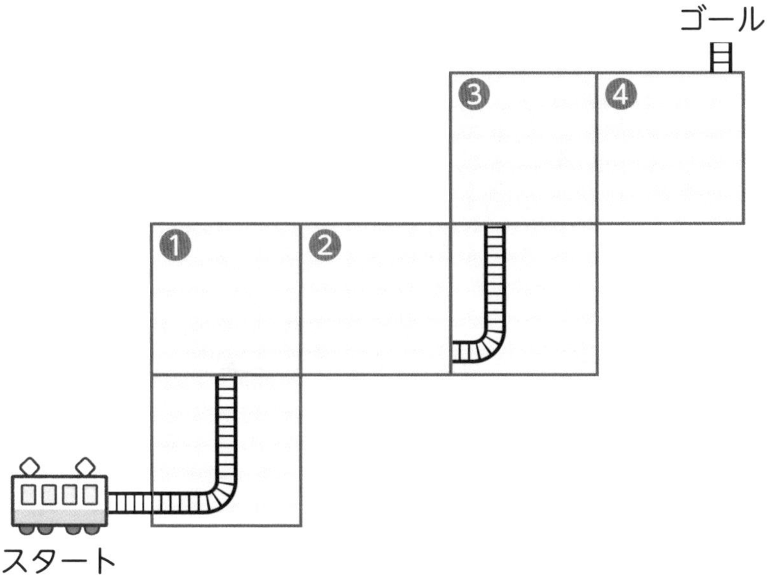

ゴール

❸　❹

❶　❷

スタート

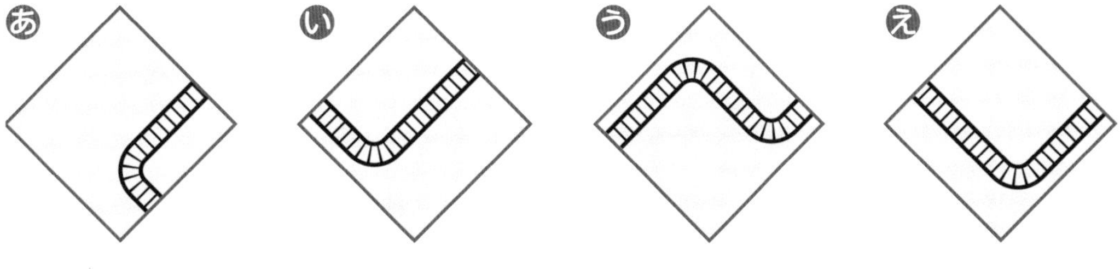

あ　　**い**　　**う**　　**え**

答え

❶ _____　❷ _____　❸ _____　❹ _____

31 黒と白の石

変 算数内容 情 思考力

黒と白の石を，下の図のように，きそく正しくならべていきます。

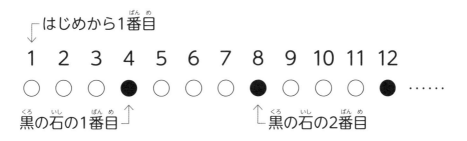

はじめから1番目

1 2 3 4 5 6 7 8 9 10 11 12

○ ○ ○ ● ○ ○ ○ ● ○ ○ ○ ● ……

黒の石の1番目↑　　　　　　↑黒の石の2番目

このとき，下の問いに答えなさい。

(1) はじめから数えて30番目の石は，黒，白どちらになりますか。

(2) 白の石をちょうど50こならべたとき，黒の石は何こならべましたか。

(3) 黒の石の14番目は，はじめから数えて何番目ですか。

4こ1組が
この問題を
解くカギになるよ。

答え

(1)　　　　　　　　(2)　　　　　　　　(3)

32 さいころの面の数

空 算数内容 形 思考力

さいころを，下の図のように３つおきました。２つのさいころがくっついている面の数をたすと５になります。➡ の方向から見える面として正しいものを，次の㋐～㋓の中から１つえらびなさい。

ただし，さいころは，向かい合う面の目の数をたすと７になります。

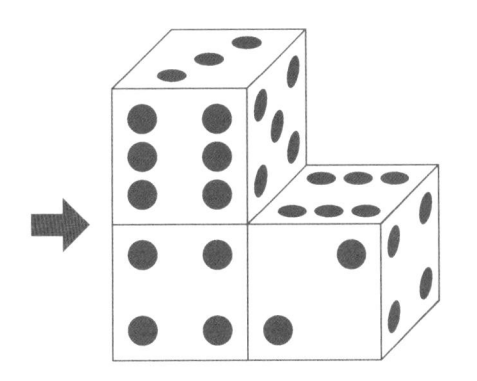

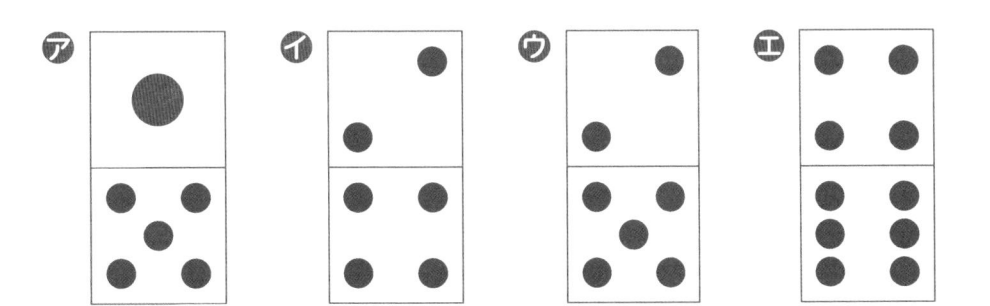

答え

33 筆算

数 ◀ 算数内容　情 ◀ 思考力

2, 4, 5, 6, 8の数が1つずつ書かれた5まいのカードがあります。このカードを下の □ に1まいずつ入れて，ひき算の筆算が正しくなるようにしなさい。答えがいくつか考えられるときは，1つだけ答えなさい。

| 2 | 4 | 5 | 6 | 8 |

▼下の図にかき入れましょう

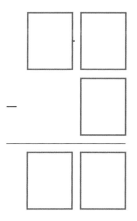

くり下がりがある
ひき算とないひき算の
どちらかな？

34 やくそくどおりに

変〈算数内容　情〈思考力

下の〈やくそく〉どおりに，次の図の(1)～(4)の 　 　 　 をぬると，どのようになりますか。図のあてはまるところをぬりつぶしなさい。

やくそく

❶ 2・3 のように，右の数が左の数より大きいときは， 2・3 とぬる。

❷ 5・2 のように，左の数が右の数より大きいときは， 5・2 とぬる。

❸ 4・5 のように，2つの数をたして9になるときは， 4・5 とぬる。

❹ 6・2 のように，一方の数が，もう一方の数の3倍になっているときは， 6・2 とぬる。

ただし，上の❶～❹について，あてはまるものは，すべてぬるものとします。

たとえば，4・5 は，❶と❸にあてはまるので， 4・5 となります。

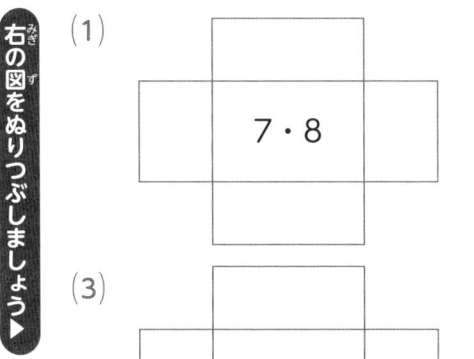

右の図をぬりつぶしましょう▶

(1) 7・8

(2) 6・3

(3) 3・9

(4) 12・4

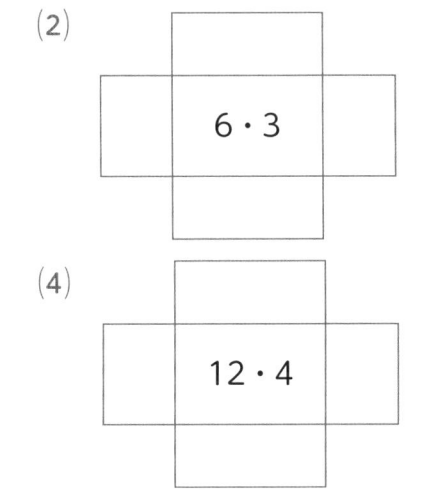

35 箱のもよう

空 算数内容 形 思考力

さいころの形をした1つの箱があり，それぞれの面にちがうもようが書いてあります。下の図はこの箱をいろいろな方向から見たものです。次の(1)，(2)は，このさいころを組み立てる前の開いた図で形がちがうものです。あ，いの面にあてはまるもようをそれぞれかき入れなさい。

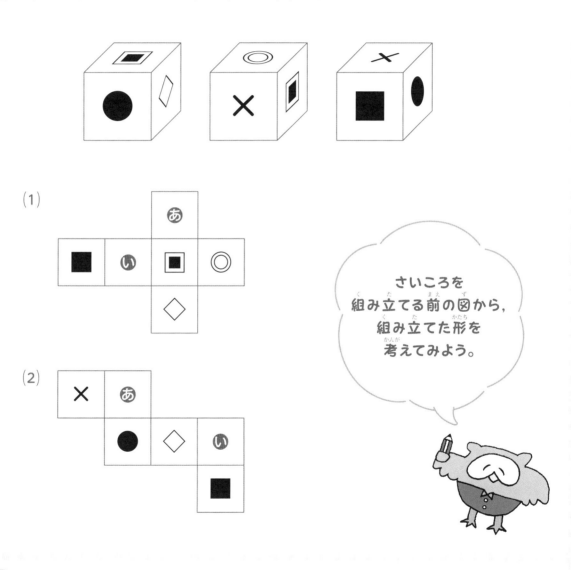

さいころを
組み立てる前の図から，
組み立てた形を
考えてみよう。

答え

(1) あ　　　　　　　い　　　　　　　(2) あ　　　　　　　い

37

デ ＜ 算数内容 ＜ 情 ＜ 形 ＜ 思考力

いま，男の子は下の地図の場所にいます。

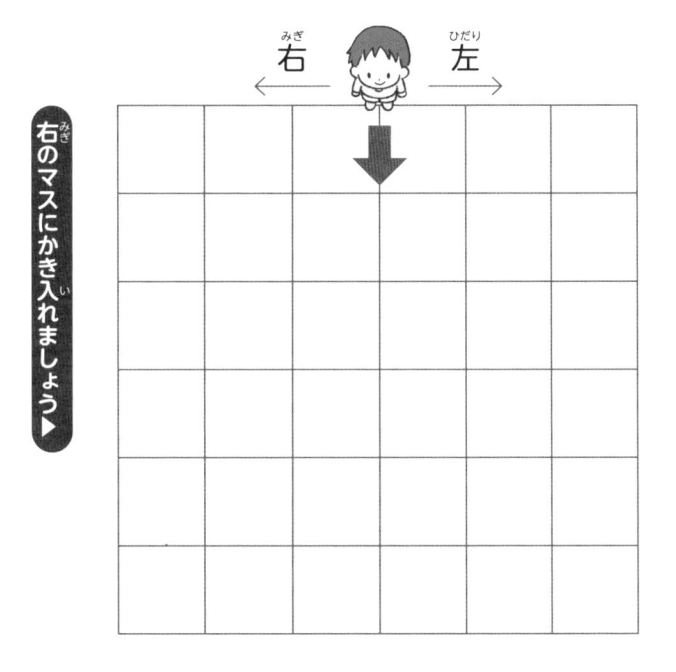

右 ← 左 →

右のマスにかき入れましょう▶

男の子は，矢じるし（⬇）の向きに真っ直ぐ進んで，2つ目の角を左に曲がりました。次の角を右に曲がり，3つ目の角を右に曲がると，2つ目の角に犬がいました。

犬がいた角はどこですか。地図に○をかき入れなさい。

男の子が
進むときの方向で
右，左はかわるね。

38

37 3本のひも

空 ◀ 算数内容　　形 ◀ 思考力

下の図のような，あ，い，うの3本の，わっかの形をしたひもがあります。
これらのひもをひっぱって，ばらばらにはなすことができますか。(1)と(2)の
それぞれについて，　　　　の中から1つえらび，言葉で書きなさい。

(1)

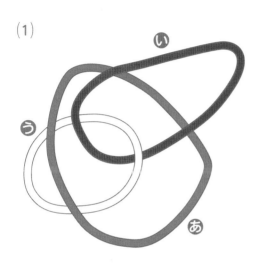

(2)

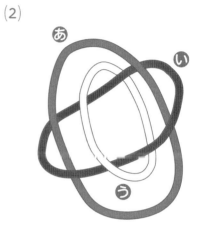

- ● 3本ともはなすことができる。
- ● あのひもだけはなすことができる。
- ● いのひもだけはなすことができる。
- ● うのひもだけはなすことができる。
- ● 3本ともはなすことができない。

答え

(1)　　　　　　　　　　　　　　(2)

38 4けたの数

変 算数内容　情 思考力

1〜4の数を打ちこむと，あるきまりにしたがって答えを出すきかいがあります。4けたの数をこのきかいに打ちこんだときの答えは，下のようになりました。

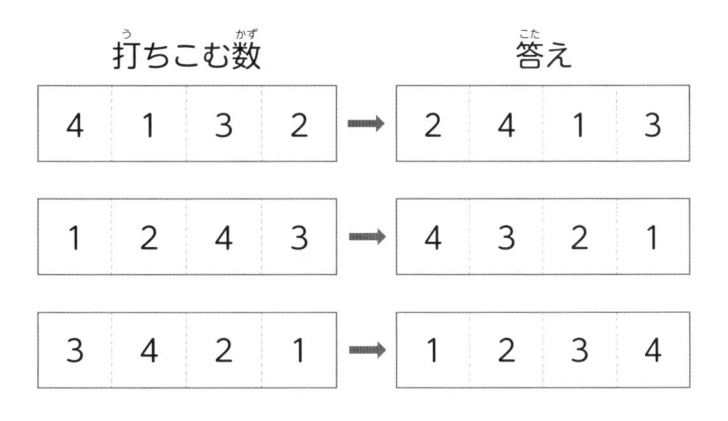

打ちこむ数　　　　　答え

| 4 | 1 | 3 | 2 | ➡ | 2 | 4 | 1 | 3 |

| 1 | 2 | 4 | 3 | ➡ | 4 | 3 | 2 | 1 |

| 3 | 4 | 2 | 1 | ➡ | 1 | 2 | 3 | 4 |

次の問いに答えなさい。

(1) 2314と打ちこんだときの答えは何ですか。

(2) 答えが3412となるようにするには，どんな4けたの数を打ちこめばよいですか。

答え

(1) ＿＿＿＿＿　　　　　(2) ＿＿＿＿＿＿＿＿＿＿＿

39 みさきさんのお兄さん

論 算数内容　筋 思考力

みさきさんとあやかさんが写真を見ながら話をしています。みさきさんのお兄さんは，どの人ですか。**あ**～**か**の記号で答えなさい。

みさき　「わたしのお兄さんは，あやかさんのお兄さんのとなりにいます。」

あやか　「わたしのお兄さんは，ぼうしをかぶっています。」

みさき　「あやかさんのお兄さんもわたしのお兄さんも，めがねをかけていません。」

答え

みさきさんのお兄さんは
ぼうしを
かぶっているかな？
めがねを
かけているかな？

40 土地のまわりの長さ

空 算数内容 形 筋 思考力

下の形の土地のまわりの長さは何mですか。ただし，どのかども直角になっています。

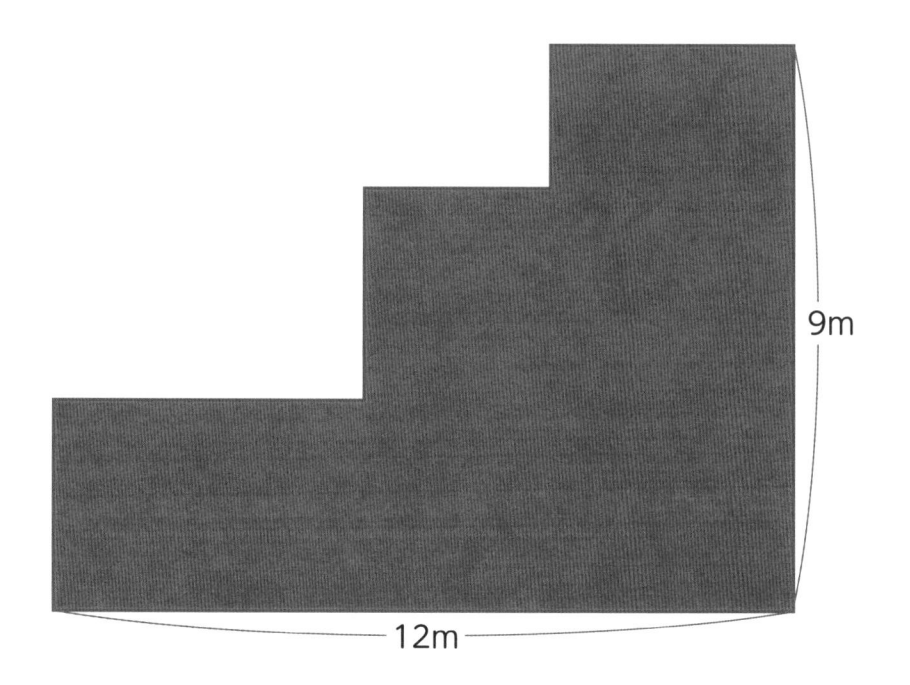

9m

12m

長さがわからない
ところは
辺を動かしてみよう。

答え

41 ○×クイズ

デ 算数内容　　筋 思考力

5問の○×クイズがあります。合っていると思うときは○，まちがっていると思うときは×をえらびます。

当たれば，1問につき1点とく点できます。けんたさん，みくさん，ゆかさんの3人がえらんだ○×と，とく点は，次の通りでした。

	1問目	2問目	3問目	4問目	5問目	とく点
けんたさん	×	×	○	×	×	4点
みくさん	○	×	×	×	○	1点
ゆかさん	○	×	×	○	○	2点

次の問いに答えなさい。

(1) 4問目の正しい答えは，○ですか，×ですか。

(2) こうじさんがえらんだ○×は，次の通りでした。
こうじさんのとく点は，何点ですか。

	1問目	2問目	3問目	4問目	5問目	とく点
こうじさん	×	○	×	○	×	

 答え

(1)　　　　　　　　　　(2)

42 見える数字は？

空 算数内容 形 思考力

右の図のようなとう明なガラスの箱に，次のような黒いぼうが組みこまれています。このとき，下の問いに答えなさい。

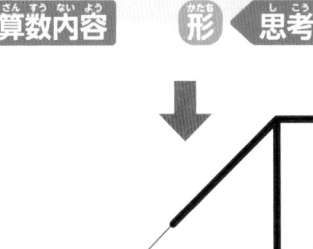

(1) 上から（↓から）見たとき，どの数字に見えますか。下の [ ] の中から1つえらんで答えなさい。

(2) 前から（↗から）見たとき，どの数字に見えますか。下の [ ] の中から1つえらんで答えなさい。

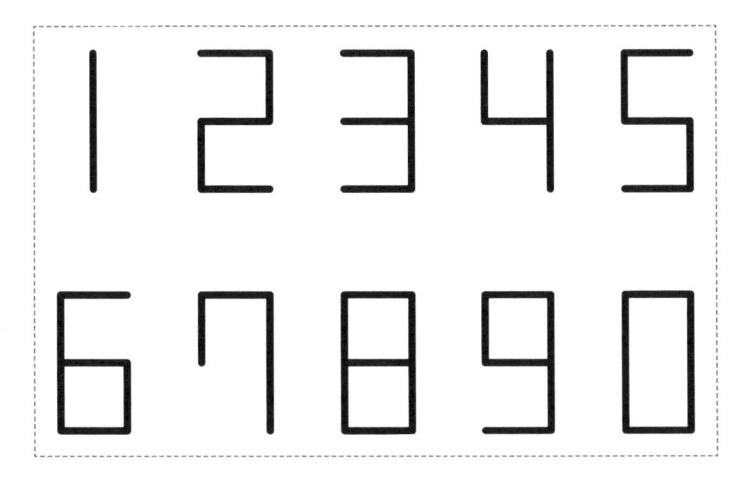

答え

(1) _____ (2) _____

43 たし算のルール

数 算数内容　情 思考力

次のようなルールで，たし算ゲームをしました。

ルール

4けたの数のとなりどうしの数をたして，答えの一のくらいだけを下の
[れい] のように書いていきます。数が1けたになったら終わりです。
このとき，下の問いに答えなさい。

[れい] 4けたの数が7836のとき

```
7    8    3    6
  5    1    9
    6    0
      6  ←数が1けた
```

(1) 次の❶，❷では，終わったときの1けたの数は何になりますか。

❶　6148　　❷　2496

(2) 次のあ，い，うの□にあてはまる数を答えなさい。

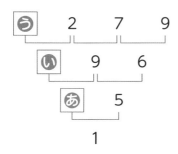

```
う  2    7    9
  い  9    6
    あ  5
      1
```

答え

(1)❶　　　　　❷　　　　　(2)あ　　　　　い　　　　　う

変 算数内容　　情 思考力

次の問いに答えなさい。

(1) 20分すすんでいる時計が，5時をさしています。
正しい時計で，今は何時何分ですか。

(2) 30分おくれている時計が，30分前に5時をさしました。
30分おくれている時計と正しい時計の長いはりと短いはりは，それぞれ
今どこをさしていますか。はり（長いはりと短いはり）をかきなさい。

右の図にかき入れましょう▶

30分おくれている時計

正しい時計

答え

(1) ＿＿＿＿＿＿＿＿＿

45 かわるもよう

空 ◀ 算数内容（さんすうないよう）　　形 ◀ 思考力（しこうりょく）

もようが1まわりしてもとのところにもどります。□ に入（はい）るもようをか

きなさい。

(1)

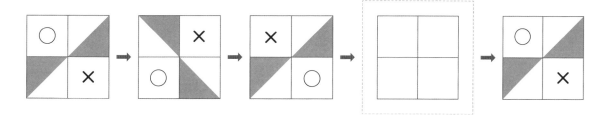

(2)

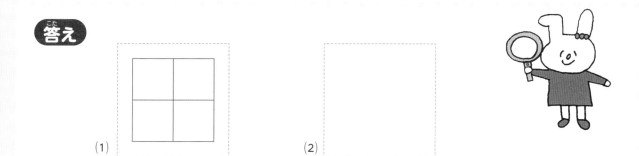

答（こた）え

(1) ⬚

(2) ⬚

46 計算のきかい

数 ◀ 算数内容　　　情 ◀ 思考力

あ，い，う，えの4つのきかいがあり，これらのきかいに数を入れると，決まったへん化が起こります。下の図はそれぞれのきかいのへん化を表しています。たとえば，1→[あ]→5は あのきかいに1を入れると5が出てくることを表しています。また，このきかいは何台もつなげることができるものとします。

1 → あ → 5	1 → い → 4	3 → う → 1	4 → え → 6
2 → あ → 10	2 → い → 5	4 → う → 2	5 → え → 5
3 → あ → 15	3 → い → 6	5 → う → 3	6 → え → 4
4 → あ → 20	4 → い → 7	6 → う → 4	7 → え → 3
⋮	⋮	⋮	⋮

(1)～(3)の □ に入る数や記号を答えなさい。

(1) 4 → [い] → [う] → [え] → [あ] → □

(2) 2 → [い] → [い] → □ → 2

(3) □ → [う] → [い] → [え] → 3

◀ここにかき入れましょう

48

47 前から何番目

論 算数内容　筋 思考力

下の図のように，こうじさんたち10人が朝礼台のほうを向いてならんでいます。次のヒント❶〜❸を読んで，けんたさんは前から何番目にならんでいるかを答えなさい。ただし，こうじさんもけんたさんも男の子です。

ヒント

❶ こうじさんのすぐ後ろにいるのは女の子です。

❷ こうじさんより後ろには，男の子より女の子のほうが多くならんでいます。

❸ こうじさんのすぐ前にいるのがけんたさんです。

朝礼台

男の子　男の子　女の子　女の子　男の子　男の子　男の子　女の子　男の子　女の子

答え

10人を前からあ〜ことして，ヒント❶から，こうじさんがならんでいるのは何番目か考えてみよう。

48 12まいのカードと3つの箱

変〈算数内容　情〈思考力

1から12までの数がそれぞれ1つずつ書かれた12まいのカードがあります。このカードを，1からじゅんに1まいずつ，あ，い，うの3つの箱に，あ→い→う→い→あ→い→う→いというじゅんをくり返して入れていきます。このとき，次の問いに答えなさい。

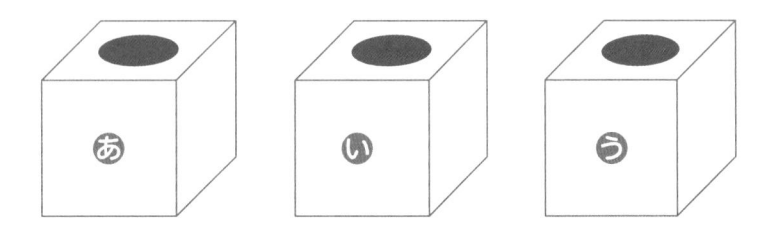

(1) 12は，どの箱に入りますか。あ，い，うの記号で答えなさい。

(2) 12まいのカードをすべて入れたとき，うの箱に入っているカードの数を全部たすと，いくつになりますか。

1からじゅんに
カードを
箱に入れた
表をかこう。

答え

(1) _____ (2) _____

49 11このとびら

デ 算数内容 情 形 思考力

下の図のスタートからゴールまでの道を11このとびらを通って進みます。とびらには，数字や，＋，－が書かれています。通ったとびらの数字や，＋，－を使って，じゅん番に計算します。道には行き止まりがあり，同じ形の場所まで動くことができます。ただし，同じ形とは，回したときに同じになるものとします。

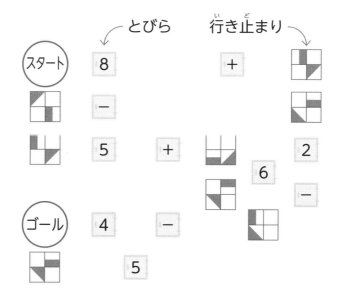

次の問いに答えなさい。

(1) スタートから2つ目の行き止まりまで進んだとき，計算の答えはいくつになりますか。

(2) スタートからゴールまで進むと，計算の答えはいくつになりますか。

行き止まりと同じ形はどれかな？

答え

(1)   (2)

50 ちゅう車場

数 算数内容 情 形 思考力

あるちゅう車場は四角い形をしていて，3つの辺には8台ずつとめる場所があり，1つの辺は出入り口なので車をとめることができません。また，真ん中に5台の車をとめることができる場所が2つあります。

このちゅう車場に，車は全部で何台とめられますか。

ちゅう車ができるのは
8台ずつとめられる
3つの辺と，
5台ずつとめられる
真ん中の場所だね。

答え

51 時こく表

変 ◂ 算数内容　　情 ◂ 思考力

次の図のように，工場行きのバスが通る道に，「学校前」のバスていと，「公園前」のバスていがあります。2つのバスていの間は，バスで15分かかります。

下の「学校前」の時こく表の**あ**，「公園前」の時こく表の**い**，**う**の ▢ にあてはまる数をそれぞれ答えなさい。

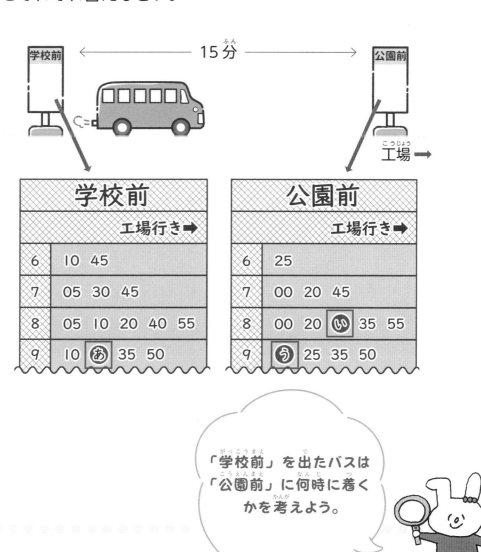

学校前 ← ─────── 15分 ─────── → 公園前

工場 →

学校前	工場行き→
6	10 45
7	05 30 45
8	05 10 20 40 55
9	10 **あ** 35 50

公園前	工場行き→
6	25
7	00 20 45
8	00 20 **い** 35 55
9	**う** 25 35 50

「学校前」を出たバスは「公園前」に何時に着くかを考えよう。

答え

あ　　　　　　い　　　　　　う

52 板にぬるペンキ

空 算数内容　形 思考力

正方形の板があります。板の1辺の長さは5mです。
この板の上の面だけにペンキをぬります。このとき，
ペンキは全部で24本使います。
次の問いに答えなさい。

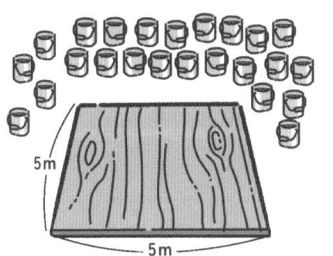

(1) 板を同じ大きさの三角形になるように半分に切りました。
　　この三角形の板1まいの上の面だけにペンキをぬります。ペンキは何本
　　使いますか。

(2) 正方形の板を2まい使って，同じ大きさの
　　三角形を4まいつくり，右のように一部が
　　重なるようにしてならべました。この三角
　　形の板の上の面だけにペンキをぬります。
　　ペンキは全部で何本使いますか。ただし，
　　重なって見えていない部分にはペンキをぬりません。

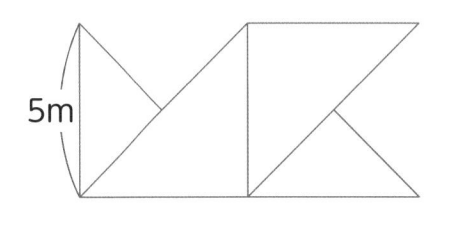

(3) (2)でペンキをぬった三角形の板を，下のようにならべかえて，こんどは
　　重なりができないようにしました。まだペンキがぬられていない三角形
　　の板の上の面だけにペンキをぬります。ペンキがぬられていない面にぬ
　　るには，ペンキは全部で何本使いますか。

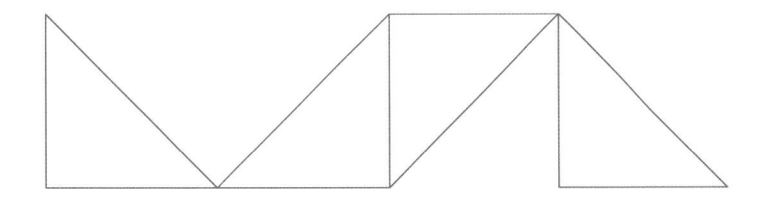

 答え

(1)	(2)	(3)

53 パンのねだん

数 算数内容　情 思考力

あるパン屋さんにチョコレートパン，クリームパン，ジャムパンを買いに来ました。次の❶〜❸を読んで，チョコレートパン，クリームパン，ジャムパンを，ねだんの安いじゅんに書きなさい。

❶ チョコレートパン1ことクリームパン1こで220円

❷ ジャムパン1ことチョコレートパン1こで240円

❸ クリームパン1ことジャムパン1こで230円

同じパンは
同じねだんだよ。
ちがうパンの
ねだんをくらべよう。

 答え

　　　　　　　→　　　　　　　→

54 何時何分？

変 ◀ 算数内容　　情 ◀ 思考力

買いものに行く前に，家の時計を見たら，下の図1のようになっていて，1時間40分後に家に帰りました。家に帰ったときの時計のはり（短いはりと長いはり）を図2にかき入れなさい。

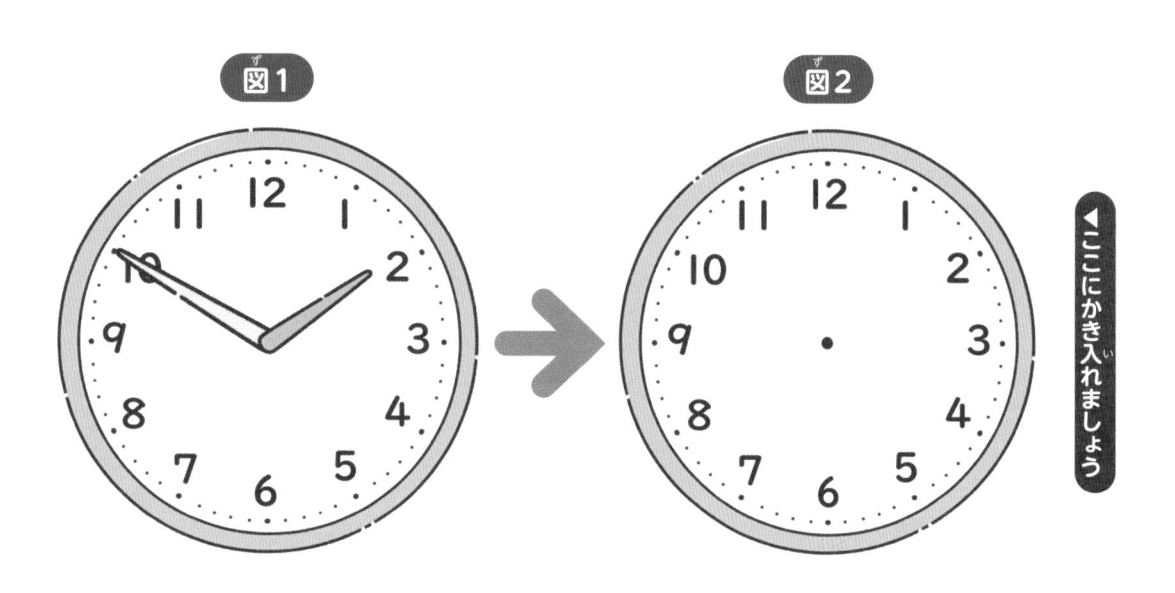

図1　　　　　　　　　図2

◀ここにかき入れましょう

1時間40分後を
1時間と40分に
分けて考えよう。

55 ぼうしの色（いろ）

論 算数内容（さんすうないよう）　筋 思考力（しこうりょく）

黒井（くろい）さんと白田（しろた）さんと青山（あおやま）さんの3人（にん）がいます。

3人（にん）は，黒（くろ）か白（しろ）か青（あお）のそれぞれちがう色（いろ）のぼうしをかぶっています。

青山（あおやま）さんが2人（ふたり）を見（み）て，

「わたしたちは，みんな自分（じぶん）の名前（なまえ）に入（はい）っている色（いろ）とはちがう色（いろ）のぼうしをかぶっているね。」

と言（い）うと，白（しろ）いぼうしをかぶっている人（ひと）が，

「そうだね。」と答（こた）えました。

黒井（くろい）さん，白田（しろた）さん，青山（あおやま）さんがかぶっているぼうしの色（いろ）は，

それぞれ何色（なにいろ）ですか。

たとえば，
黒井（くろい）さんのかぶっている
ぼうしの色（いろ）は，
白（しろ）か青（あお）になるね。

答（こた）え

黒井（くろい）さん…　　　白田（しろた）さん…　　　青山（あおやま）さん…

56 さいころの形を作ろう

空 算数内容 形 思考力

次の図のように，ねん土玉を12ことひごを20本使って，さいころを横に2つつないだ形を作りました。

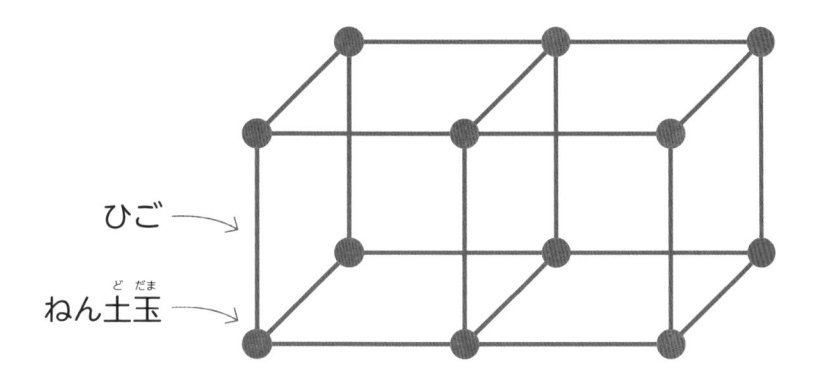

ひご →

ねん土玉 →

さらに，ねん土玉とひごを使って，さいころを横に4つつないだ形を作ります。あと2つのさいころの形を作るのに使うねん土玉とひごについて答えなさい。

(1) ねん土玉はあと何こいりますか。

(2) ひごはあと何本いりますか。

さいころを横に5つつないだ形を作りました。この5つのさいころの形を作るのに使ったねん土玉について答えなさい。

(3) ひごが4本出ているねん土玉は何こありますか。

(4) ひごが3本出ているねん土玉は何こありますか。

答え

(1)	(2)	(3)	(4)

さくらさんが，下(した)の図(ず)のように6つのさいころをおきました。☆の部分(ぶぶん)の，2つのさいころがくっついている面(めん)の数(かず)をたすと，8になります。

さくらさんが見(み)えている面(めん)は，左(ひだり)からじゅんに，

| 1 | 3 | 2 | です。

はやとさん

さくらさん

はやとさんが見(み)えている面(めん)の数字(すうじ)は何(なん)ですか。はやとさんから見(み)て左(ひだり)からじゅんに，□に数字(すうじ)を書(か)き入(い)れなさい。ただし，さいころは，向(む)かい合(あ)う面(めん)の数(かず)をたすと7になるようにつくられています。

答(こた)え

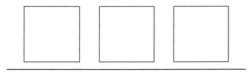

58 何こ使われているかな

数 算数内容 情 筋 思考力

1から100までの数（1も100も入ります）を1回ずつ全部書き表すことにします。

次の問いに答えなさい。

(1) 数字の0は全部で何こ使われていますか。
（100は0が2こ使われていると考えます。）

(2) 数字の1は全部で何こ使われていますか。
（11は1が2こ使われていると考えます。）

> 0が入るのは，
> 10，20，など，
> 1が入るのは，
> 1，11，12など
> だね。

答え

(1) _____ (2) _____

59 回る歯車（まわるはぐるま）

変（へん）｜算数内容（さんすうないよう）｜情（じょう）｜形（かたち）｜思考力（しこうりょく）

下（した）の図（ず）のように，歯（は）が6まいついた歯車（はぐるま）あと歯車（はぐるま）いがあります。あの歯車を矢じるし（やじるし）と同（おな）じように右（みぎ）に回（まわ）すと，いの歯車（はぐるま）は左（ひだり）に回（まわ）ります。また，あの歯車（はぐるまひだりまわ）を左に回すと，いの歯車は右（みぎまわ）に回ります。2つの歯車は大（おお）きさが同（おな）じで，歯車（はぐるま）に書（か）いてある数字（すうじ）だけがちがいます。

いま，図（ず）ではあの歯車の10といの歯車の18が向（む）かい合（あ）っています。この向（む）かい合（あ）っている2つの数（かず）をたすと，10 ＋ 18 ＝ 28です。

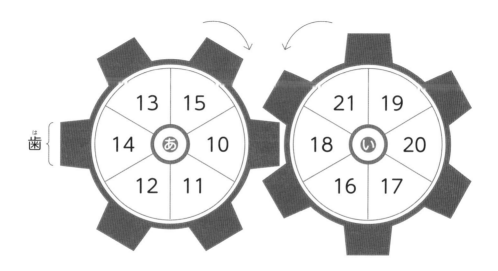

歯（は）

あの歯車（はぐるま）が歯（は）2まい分（ぶん）左（ひだり）に回（まわ）ります。2まい分（ぶん）回（まわ）る間（あいだ）に向（む）かい合（あ）う数（かず）を全部（ぜんぶ）たすと，いくつになりますか。ただし，10と18は数（かぞ）えません。

 答え（こたえ）

さとるさん，しんじさん，とうまさん，りくさんが10時40分に待ち合わせをしました。いちばん早い人が待ち合わせの時こくの10分前に来ました。あとの3人が来た時こくは，それぞれ，いちばん早い人が来た時こくの10分後，15分後，25分後でした。

次の3人の話から，4人が来た時こくをそれぞれ答えなさい。

りくさん　「しんじさんは，ぼくより早く来たよ。」

さとるさん　「ぼくは，待ち合わせの時こくよりおくれてしまったよ。」

とうまさん　「ぼくは，さとるさんよりおそく来たよ。」

4人の来た時間と来たじゅんを考えよう。

答え

さとるさん…　　　　しんじさん…　　　　とうまさん…　　　　りくさん…

ステップ2 過去問

61 おり紙のじゅん

空 算数内容 形 思考力

同じ大きさの正方形のおり紙をじゅんに6まい重ねたら，下のようになりました。1番目から5番目までにのせたおり紙は，それぞれあ〜おのどれか答えなさい。

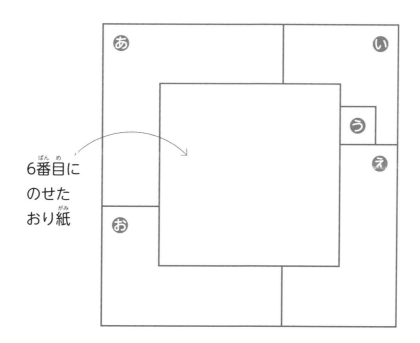

6番目に
のせた
おり紙

答え

1番目…　　　2番目…　　　3番目…　　　4番目…　　　5番目…

変 算数内容 情 筋 思考力

ある森の動物たちは，次のような〈きまり〉で，食べ物をこうかんすること
ができます。

きまり

バナナ14本は，りんご10ことこうかんできます。

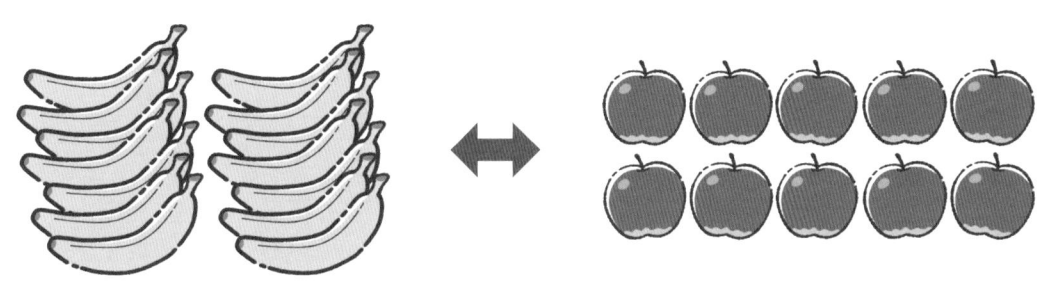

りんご4こは，にんじん5本と，こうかんできます。

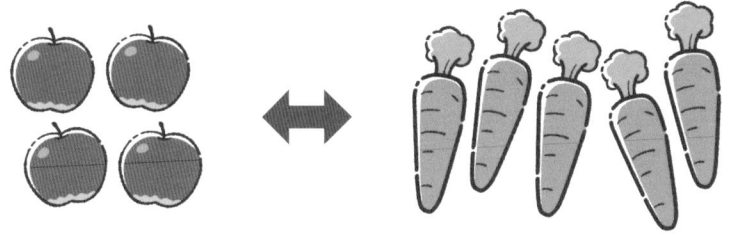

(1) バナナ28本は，にんじん何本とこうかんできますか。

(2) にんじん30本をすべてりんごにこうかんして，このりんごのうち19こ
を食べました。のこったりんごをすべてバナナにこうかんしたいと思い
ます。バナナ何本とこうかんできますか。

答え

(1) _____ (2) _____

63 マッチぼう

空 ◀ 算数内容 ◀ 筋 形 ◀ 思考力

次の図1のように，7本のマッチぼうでできた形から2本のマッチぼうを矢じるし（　⌒→　）のように動かすと，同じ大きさの2つの正方形を作ることができます。

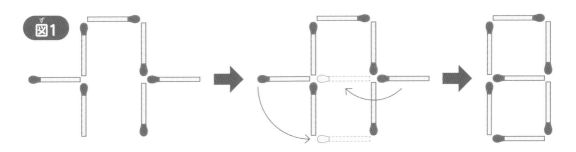

図1

下の12本のマッチぼうでできた形から，3本のマッチぼうを図1のように動かして，同じ大きさの正方形を3つ作りなさい。下の図に，動かす方向を矢じるし（→）で，動かしたあとのマッチぼうを点線（‑‑‑‑‑）で表しなさい。ただし，図2のように，正方形を作るために使わないマッチぼうがあってはいけません。

右の図にかき入れましょう▶

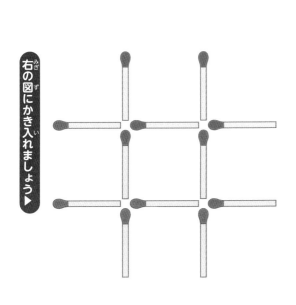

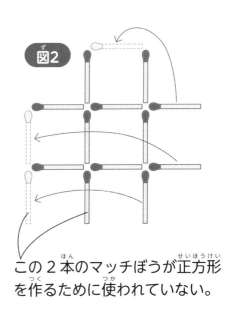

図2

この2本のマッチぼうが正方形を作るために使われていない。

64 けい子さんはだれでしょう

論 算数内容 筋 思考力

下の6人の中で，くみさん，ちなつさん，えりさんはぼうしをかぶっていて，けい子さん，まり子さん，よし子さんは花を持っています。ちなつさんとよし子さんの間には1人の人がいて，えりさんとまり子さんの間には2人の人がいます。

けい子さんは，**あ〜か**のうちどれですか。

まず，
6人のとくちょうを
整理しよう。
ぼうしをかぶっている人，
花を持っている人は
だれかな？

答え

_____

65 曲がって曲がって

変 算数内容　情 思考力

右の [れい] のように，スタートから出発してわくの中を進みます。○のしるしがあると右へ曲がり，◉のしるしがあると左へ曲がります。ただし，ななめ右やななめ左に曲がることはできません。わくの外に出るとゴールです。

[れい]

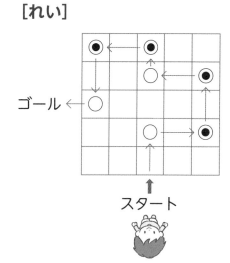

ゴール ←

↑ スタート

(1) 下の図のようにみきさんがスタートすると，どこにゴールしますか。さいごにゴールする場所に矢じるしをかき入れなさい。

(2) 下の図の**あ**からスタートしたとき，**い**にゴールするように，あいているマスの中のどこか1か所に○か◉のどちらか1つをかき入れなさい。

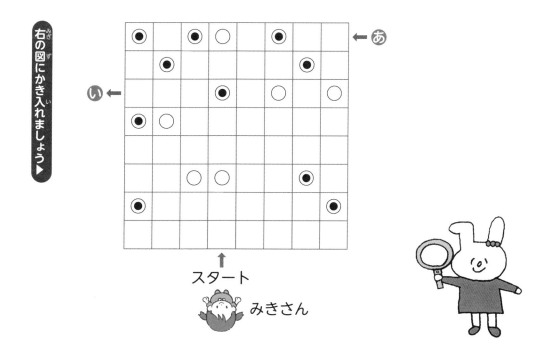

右の図にかき入れましょう▶

← あ

い ←

↑ スタート

みきさん

66 歩いて何分？

デ｜算数内容　　情｜思考力

こうじさんは，自分の家から友だちの家までを地図にかきました。家は○，道は━━でかき，○から○まで歩いて行くときにかかる時間も書き入れました。たとえば，●━1分━○ は，こうじさんの家からさとしさんの家まで歩いて1分かかることを表します。このとき，次の問いに答えなさい。ただし，ある人の家からある人の家へ行くときは，かかる時間がもっとも短い道を行くものとします。

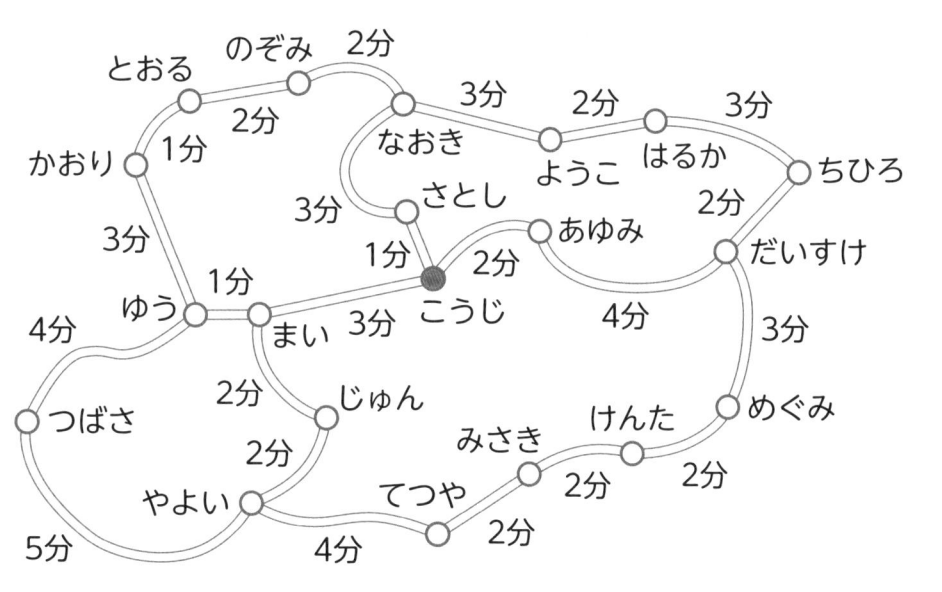

(1) こうじさんの家から歩いて行くとき，いちばん時間がかかるのはだれの家で，何分かかりますか。

(2) こうじさんの家から10分歩いても行けないのは，だれの家ですか。名前を全部書きなさい。

(3) めぐみさんの家から歩いて行くとき，いちばん時間がかかるのはだれの家で，何分かかりますか。

答え

(1)	(2)	(3)

67 たん生日はいつ？

論 算数内容　筋 思考力

ゆきさん，なおみさん，おさむさん，けんじさんの4人が生まれた年・月・日は次のどれかです。

平成26年 6 月23日
平成27年 3 月 8 日
平成26年10月31日
平成27年 2 月16日

下の**あ**，**い**，**う**を読んで，それぞれの年・月・日に生まれた人の名前を書きなさい。

あ おさむさんは，けんじさんより先に生まれました。

い なおみさんは，おさむさんより先に生まれました。

う ゆきさんが生まれたのは，けんじさんよりあとでした。

先に生まれた人とあとに生まれた人を組み合わせて，生まれたじゅんを図にしよう。

答え

生まれた年・月・日	名　前
平成26年 6 月23日	
平成27年 3 月 8 日	
平成26年10月31日	
平成27年 2 月16日	

68 じゅん番

論 算数内容　筋 思考力

下の絵のように，女の子と男の子が17人，前を向いてならんでいます。この中に，「そら」という名前の人が1人，「かず」という名前の人が1人います。次のヒント❶〜❹を読んで，「そら」という名前の人の後ろには何人ならんでいるか答えなさい。

ヒント

❶ 「かず」さんより後ろには，男の子と女の子が同じ人数ならんでいます。

❷ 「そら」さんと「かず」さんの間に2人いて，「かず」さんが前にいます。

❸ 「そら」さんは女の子です。

❹ 「かず」さんのすぐ後ろにいるのは女の子です。

男 女 男 女 男 男 男 女 男 女 男 男 女 女 男 男 女

（前）　　　　　　　　　　　　　　　　　　　　　　　　　（後ろ）

17人を前から
あ〜らとしよう。
「かず」さんの
場所がわかれば，
「そら」さんの
場所もわかるね。

答え

いま5人が左の岸にいます。これから全員が右の岸に行き，記ねん写真をとって，左の岸にもどります。しかし，橋は4本しかありません。また，1本の橋は1人分の重さしか，たえることができないので，1人ずつしかわたれません。どの橋もわたるのに15分かかります。

次の問いに答えなさい。

(1) 全員が右の岸に行くのに，いちばん早くて何分かかりますか。

(2) 午前10時45分に左の岸からスタートして，全員が1人ずつ写真をとり，ふたたびもどってくるとき，いちばん早く終わる時こくは午前または午後何時何分ですか。午前，午後も書いて答えなさい。ただし，写真をとる時間は考えなくてよいこととします。

 答え

(1) _____ (2) _____

70 2まいのカード

空 算数内容　形 思考力

下の図のように三角と四角の白と黒のもようが入った**あ**と**い**のカードがあります。2まいのカードには，それぞれ黒い点がついています。この黒い点が重なるように**あ**のカードを回し，**い**のカードの上に重ねます。ただし，カードをうら返してはいけません。

白と黒のもようは，黒と黒が重なると黒，白と白が重なると白，黒と白が重なるとはい色になります。

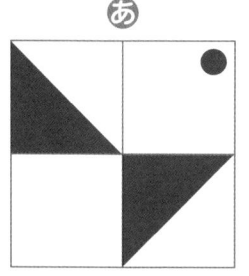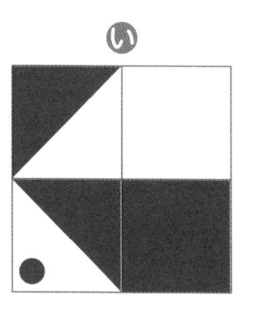

次の問いに答えなさい。

(1) **あ**のカードを**い**のカードに重ねたときに，黒になるのはどこですか。下の図をぬりつぶしなさい。

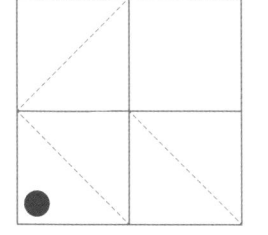

◀ここにかき入れましょう

(2) **あ**のカードを**い**のカードに重ねたときに，はい色になるのは，三角が何こ分ですか。ただし，三角は**い**の左上の黒い三角で1こ分とします。

答え

(2) _____

1 こうかのまい数 ……………P3

(1) 50円玉を3まい取り出すと，

50×3＝150（円）

10円玉を3まい取り出すと，

10×3＝30（円）ですから，取り出す3まいのこうかの中に50円玉は1まいあります。

のこりは65－50＝15（円）ですから，10円玉1まいと5円玉1まいになります。

ちょうど3まいで65円になる場合は他にありません。

(2) 5円玉を3まい取り出すと，5×3＝15（円）ですから，取り出す3まいのこうかの中に10円玉は2まいあります。

のこりは21－20＝1（円）ですから，1円玉が1まいになります。

ちょうど3まいで21円になる場合は他にありません。

答え (1) 50円玉…1まい，10円玉…1まい，
5円玉…1まい

(2) 10円玉…2まい，1円玉…1まい

2 つみ木の数 ……………P4

㋐と㋑の形に使われているつみ木の数を考えます。

㋐は下のだんに4こ，上のだんに4こなので，つみ木は全部で4＋4＝8（こ）あり，

㋑は下のだんに6こ，上のだんに6こなので，つみ木は全部で6＋6＝12（こ）あります。

(1)～(6)も同じように数えます。

(1) いちばん下のだんに3こ，下から2だん目に1こ，いちばん上のだんに1こなので，全部で3＋1＋1＝5（こ）使います。

(2) いちばん下のだんに3こ，下から2だん目

に3こ，いちばん上のだんに2こなので，全部で3＋3＋2＝8（こ）使います。

(3) 下のだんに9こ，上のだんに3こなので，全部で9＋3＝12（こ）使います。

(4) いちばん下のだんに5こ，下から2だん目に3こ，いちばん上のだんに1こなので，全部で5＋3＋1＝9（こ）使います。

(5) いちばん下のだんに4こ，下から2だん目に2こ，下から3だん目に1こ，いちばん上のだんに1こなので，全部で
4＋2＋1＋1＝8（こ）使います。

(6) いちばん下のだんに6こ，下から2だん目に4こ，いちばん上のだんに2こなので，全部で6＋4＋2＝12（こ）使います。

答え ㋐…(2)，(5)　　㋑…(3)，(6)

3 いすの高さ ……………P5

(1) いすの高さは，全体の高さから，さとみさんの身長をひいてもとめることができます。

1m67cm－1m36cm＝31cm

(2) たけるさんの身長は，全体の高さから，(1)のいすの高さをひいてもとめることができます。

1m75cm－31cm＝1m44cm

答え (1) 31cm　　(2) 1m44cm

4 どのおかしを買える？ …………P6

(1) ねだんの高いおかしからじゅんに調べてみます。

いちばんねだんの高いジュースを買ったとすると，のこりは，

115－110＝5（円）

となり，うまくいきません。

このように調べていくと，グミを買ったと

き，のこりは，

115 − 60 = 55（円）

で，ガムと同じねだんになります。グミと
ガムを買ったときだけ，ねだんの合計が
115円になることがわかります。

(2) (1)と同じように，ねだんの高いおかしから
じゅんに調べます。

いちばんねだんの高いジュースを買ったと
すると，のこりは，

215 − 110 = 105（円）

で，2つで105円になるおかしの組み合わ
せは，ポテトチップス（75円）とラムネ（30
円）です。このように調べていくと，ポテト
チップスとラムネとジュースを買ったとき
だけ，ねだんの合計が215円になることが
わかります。

答え (1) ガムとグミ

　　 (2) ポテトチップスとラムネとジュース

5 4人のテストの点数 ……P7

あきらさんが合かく点よりひくい点数で，ゆみ
さんがあきらさんよりひくい点数だったことか
ら，ゆみさんは70点，あきらさんは75点であ
ることがわかります。

　　　　　90点
合かく点=80点
　　　　　75点…あきらさん ⎫ ひくい点数
　　　　　70点…ゆみさん　 ⎭

また，かなさんがけんたさんより高い点数だっ
たことから，かなさんは90点，けんたさんは
80点であることがわかります。

　　　　　　90点…かなさん ⎫ 高い点数
合かく点=80点…けんたさん ⎭
　　　　　　75点…あきらさん
　　　　　　70点…ゆみさん

答え かなさん…90点，けんたさん…80点，
　　 ゆみさん…70点，あきらさん…75点

6 取るのは何こ？ ……P8

次の図のように，あの色のついたつみ木を取る
と，いの形になります。

(1) あ

(2) あ

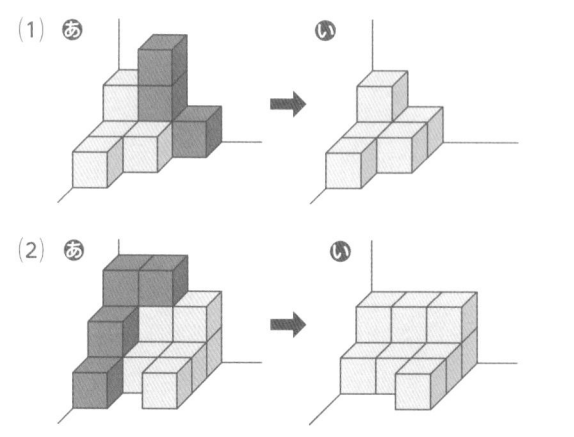

答え (1) 3こ　　(2) 4こ

7 野さいをいくつ買う？ ……P9

(1) アとイを1つずつ買ったときと，エをくら
べると，

ア＋イ…70 + 90 = 160（円）

エ…140円

となり，にんじん1本と玉ねぎ1このとき
は，エのほうが20円安くなります。

また，アを3つ買ったときと，ウをくらべ
ると，

アが3つ…70 + 70 + 70 = 210（円）

ウ…200円

となり，にんじん3本のときは，ウのほう
が10円安くなります。

これらのことから，ウとエをなるべく多く
買ったほうが，安くなることがわかります。
エを3つ買うと，にんじんはあと

7 − 3 = 4（本分）たりないから，ウとアを

1つずつ買います。

(2) **エ**が3つで，140＋140＋140＝420（円）
アが1つで70円，**ウ**が1つで200円ですから，全部で，
420＋70＋200＝690（円）

答え (1) **ア**…1，**イ**…0，**ウ**…1，**エ**…3
(2) 690円

---

8 色板は何まい？ ……………P10

次の図のように線をひいて考えます。

(1)
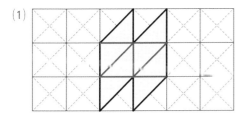

(2)
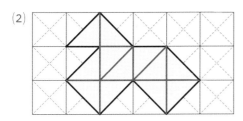

答え (1) 8まい　(2) 12まい

---

9 じゅんに進むと ……………P11

ルールに気をつけながら，**ア**から**イ**まで線をひいて考えましょう。

答え

(1)
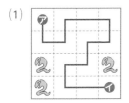

(2)
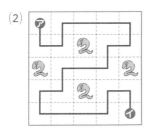

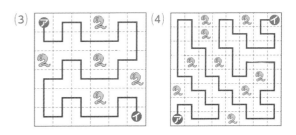

(3)　(4)

---

10 ナンバープレート ……………P12

＋と－をいろいろ入れてためしてみましょう。
左からじゅんに計算していきます。

(1) 4＋8－2＝12－2＝10
(2) 7＋9－3－3＝16－3－3＝13－3＝10
(3) 2＋7－5＋6＝9－5＋6＝4＋6＝10
(4) 9－6＋8－1＝3＋8－1＝11－1＝10

答え (1) 4＋8－2　(2) 7＋9－3－3
(3) 2＋7－5＋6　(4) 9－6＋8－1

11 数を分けよう ……… P13

次のようになります。

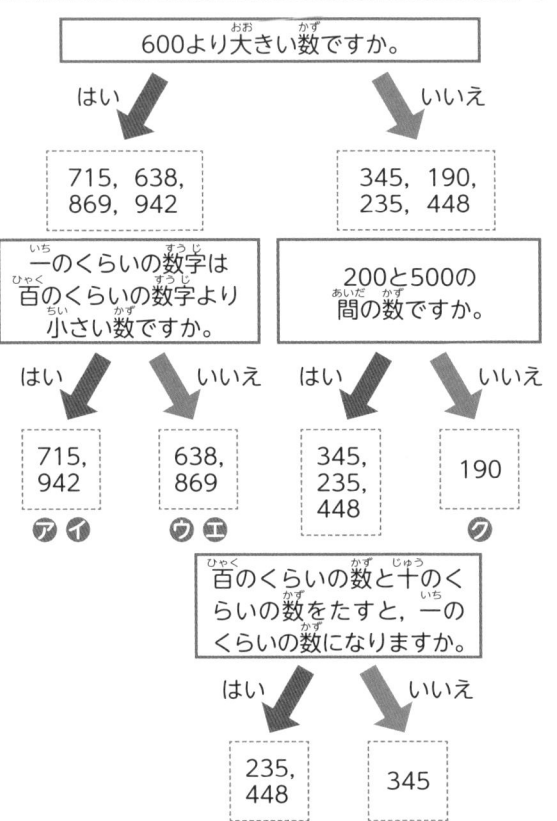

345, 190, 715, 638, 235, 869, 942, 448

600より大きい数ですか。

はい → 715, 638, 869, 942

いいえ → 345, 190, 235, 448

一のくらいの数字は百のくらいの数字より小さい数ですか。

はい → 715, 942　ア イ

いいえ → 638, 869　ウ エ

200と500の間の数ですか。

はい → 345, 235, 448

いいえ → 190　ク

百のくらいの数と十のくらいの数をたすと，一のくらいの数になりますか。

はい → 235, 448　オ カ

いいえ → 345　キ

答え ア…715　イ…942　ウ…638
エ…869　オ…235　カ…448
キ…345　ク…190
（アとイ，ウとエ，オとカは，それぞれ入れかわってもよい。）

12 切って広げると ……… P14

じゅんに広げていき，切り取った部分がどうなるか考えます。

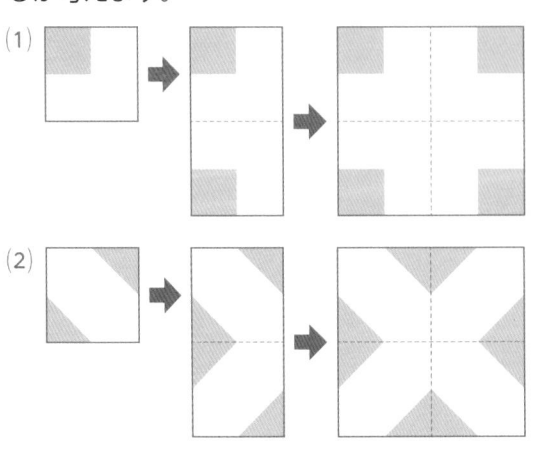

(1)

(2)

答え (1) イ　(2) ウ

13 習い事は？ ……… P15

3人の話を次のような表にまとめます。

	習い事			曜日		
	バレエ	ピアノ	水泳	月	火	金
みき	×		×			
ゆい					×	×
さやか			×			×

上の表を見ると，習い事は，みきさんがピアノなので，さやかさんがバレエにきまります。ですから，ゆいさんはのこった水泳となります。曜日は，ゆいさんが月曜なので，さやかさんが火曜にきまります。ですから，みきさんはのこった金曜となります。

答え みきさん…習い事：ピアノ, 曜日：金曜日
ゆいさん…習い事：水泳, 曜日：月曜日
さやかさん…習い事：バレエ, 曜日：火曜日

14 4しゅるいのしるし ……… P16

(1) はじめから6番目に1番目と同じ○があるので、「○×◎◎△」の5つになります。

(2) 20÷5＝4なので、はじめから20番目までに「○×◎◎△」の5つのしるしがちょうど4回くり返されることがわかります。ですから、20番目のしるしは△です。

(3) ◎は「○×◎◎△」の5つのしるしの中に2こあります。30÷5＝6なので、はじめから30番目までに「○×◎◎△」の5つのしるしがちょうど6回くり返されることがわかります。ですから、30番目までに◎は、2×6＝12（こ）あります。

(4) ◎は「○×◎◎△」の5つのしるしの中に2こあります。15＝2×7＋1より、15こ目の◎は、5つのしるしを7回くり返したあとに続くしるしの、3番目のしるしであることがわかります。ですから、5×7＋3＝35＋3＝38（番目）です。

答え (1) ○×◎◎△
（この5つのしるしがくり返されている）
(2) △　(3) 12こ　(4) 38番目

15 どのように見える？ ……… P17

→の方向から見たとき、つみ木が何こつみ上げられて見えるかをじゅんに考えます。

(1) 下からじゅんに、3こ、2こ、1このつみ木がつみ上げられて見えます。

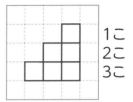

1こ
2こ
3こ

(2) 下からじゅんに、2こ、1こ、1このつみ木がつみ上げられて見えます。

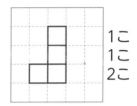

1こ
1こ
2こ

(3) 下からじゅんに、3こ、3こ、1このつみ木がつみ上げられて見えます。

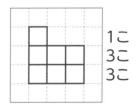

1こ
3こ
3こ

答え

(1)　　　　(2)　　　　(3)

16 数をつくろう ‥‥‥‥‥‥‥‥‥‥‥ P18

(1) いちばん大きい数はカードの数が大きい
じゅんにならべていきます。
上の位から9→7→4→1のじゅんにカー
ドをならべていくと，9741となります。

(2) いちばん小さい数はカードの数が小さい
じゅんにならべていきますが，「0」をいち
ばん上の位にならべることはできないので，
1→0→7→9のじゅんにカードをならべて
いくと，1079となります。

(3) いちばん大きい数は9740です。
2番目に大きい数は十の位と一の位の数を
入れかえて，9704となります。

答え (1) 9741　　(2) 1079　　(3) 9704

17 形を分けよう ‥‥‥‥‥‥‥‥‥‥‥ P19

(1)の図は正方形のマスは9こあります。3つの
形に分けますから，1つ分は3こになります。
あてはまるのは，▯か⌐になりますが，▯では
3つの形に分けることができないので⌐にな
ります。

(2)の図は正方形のマスは16こあります。4つ
の形に分けますから，1つ分は4こになります。
あてはまるのは，⊤，▭，⌐，⌐，▯ など
になりますが，4つの形に分けることができる
のは，⊤だけです。

(3)の図は正方形のマスは8こあります。2つの
形に分けますから，1つ分は4こになります。
田，⌐，⌐ などに分けることができますが，
同じ形に分けることはできません。田は◨に
分けることができるので，この分け方を考えま
す。

答え

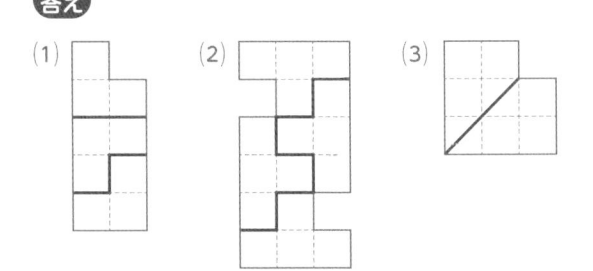

18 線でつなぐと ‥‥‥‥‥‥‥‥‥‥‥ P20

ルールを守りながら，近くにある同じカタカナ
を，線でつないでいきましょう。

答え

(1) (2)

(3) (4)

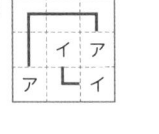
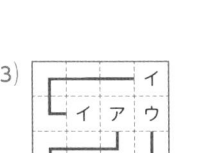
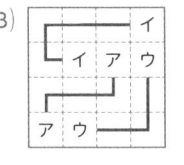

19 マラソン大会のじゅんい ‥ P21

①～④を表にすると，次のようになります。

	上のじゅんい	→	下のじゅんい
①	あきらさん	→	さとしさん
②	さとしさん	→	りょうさん
③	けんたさん	→	りょうさん
④	けんたさん	→	あきらさん

①と②から，じゅんいが上のじゅんに，
あきらさん→さとしさん→りょうさん
とわかります。

③と④から，けんたさんは，りょうさんとあき
らさんよりも上のじゅんいであるとわかります。

答え けんたさん→あきらさん→さとしさん→

りょうさん

20 お金をこうかんしよう ……… P22

(1) しょうたさんが持っているお金は，50円玉が6まい，10円玉が8まいです。

50円玉2まいは100円玉1まいとこうかんできるので，50円玉6まいは100円玉3まいとこうかんできます。

10円玉5枚は50円玉1まいとこうかんできるので，10円玉5まいを50円玉1まいとこうかんできて，10円玉が3まいのこります。

(2) 10円玉47まいのうち，45まいは50円玉9まいとこうかんすることができるので，10円玉が2まいのこります。

こうかんした50円玉9まいのうち，8まいは100円玉4まいとこうかんすることができるので，50円玉が1まいのこります。

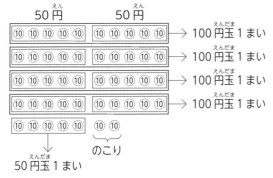

(1) 100円玉…3まい，50円玉…1まい，
10円玉…3まい
(2) 100円玉…4まい，50円玉…1まい，
10円玉…2まい

21 さかさまにしたら？ ……… P23

もようのいちは，①真ん中の上下2つは上下がぎゃくになり，②真ん中の左右2つは左右がぎゃくになり，③角の4つは上下左右が入れかわります。

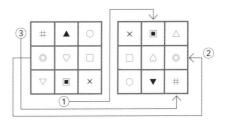

22 どんな数が入る？ ……… P24

(1) 次のように㋐～㋙とします。

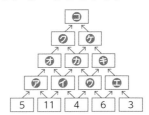

㋐ = 5 + 11 = 16，㋑ = 11 + 4 = 15，
㋒ = 4 + 6 = 10，㋓ = 6 + 3 = 9，
㋔ = 16 + 15 = 31，㋕ = 15 + 10 = 25，
㋖ = 10 + 9 = 19，㋗ = 31 + 25 = 56，
㋘ = 25 + 19 = 44，㋙ = 56 + 44 = 100

(2) 次のように⑦～⑦とします。

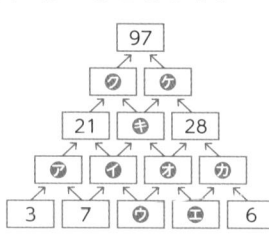

⑦＝3＋7＝10, ⑦＝21－10＝11,
⑦＝11－7＝4

ここで, (4＋□)＋(□＋6)＝28なので,
10＋□＋□＝28, □＋□＝18, □＝9と
なります。

⑦＝4＋9＝13, ⑦＝9＋6＝15,
⑦＝11＋13＝24, ⑦＝21＋24＝45,
⑦＝24＋28＝52

答え

(1)

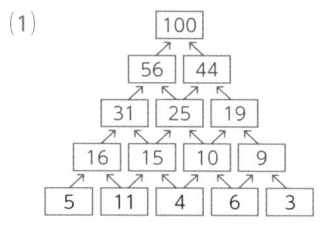

(2)

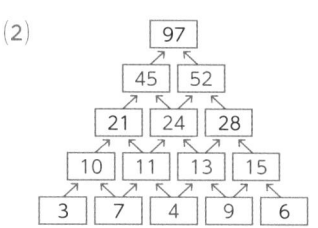

---

23 交わったところにあるくだもの……P25

(1) (2・4)は, 横の列の「2」とたての列の「4」が交わったところですから, バナナです。

(2) ぶどうは, 横の列の「4」とたての列の「3」が交わったところですから, (4・3)になります。

答え (1) バナナ　　(2) (4・3)

---

24 待ち合わせ……P26

るみさんとあきさんの話から, 着いたじゅん番は下のようになります。

(先)　たくやさん―るみさん　(後)
　　　あきさん―たくやさん

整理すると, あき―たくや－るみとなります。また, たくやさんの話から, たくやさんとけんじさんの間に1人いることと, けんじさんの話からけんじさんは1番目ではないことから, けんじさんは4番目であることがわかります。

答え 1番目…あきさん　　2番目…たくやさん
3番目…るみさん　　4番目…けんじさん

---

25 何こ分の広さ？……P27

◪ が2こで, □1こ分に,

◪ が2こで, □2こ分になります。

⑦は, □2こと, ◪ が2こあるので, 合わせて□3こ分です。

⑦は, ◪ が4こあるので, □4こ分です。

⑦は, □が4こと, ◪ が4こあるので, 合わせて□8こ分です。

答え ⑦…3こ分　　⑦…3こ分
⑦…4こ分　　⑦…8こ分

26 たすと同じ数 ……………… P28

次のように あ～お とします。

2	あ	4
い	う	3
え	1	お

- いちばん上の横の計算で，

  2＋あ＋4＝15，6＋あ＝15ですから，

  あは9とわかります。

- 真ん中のたての計算で，

  9＋う＋1＝15，10＋う＝15ですから，

  うは5とわかります。

- 真ん中の横の計算で，

  い＋5＋3＝15，8＋い＝15ですから，

  いは7とわかります。

- いちばん左のたての計算で，

  2＋7＋え＝15，9＋え＝15ですから，

  えは6とわかります。

- いちばん右のたての計算で，

  4＋3＋お＝15，7＋お＝15ですから，

  おは8とわかります。

答え

2	9	4
7	5	3
6	1	8

27 マス25こを分けよう ………… P29

小さいマスの数が9こになるとき，一列になら
べることはできないので，かならず1辺が3こ
の正方形となります。

⑴ まず，「9」は1辺が3この正方形をつくりま
す。

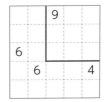

次に，2つの「6」はそれぞれたてと横が2こ
と3この長方形になり，のこりの「4」は1
辺が2この正方形となります。

⑵ 「9」が真ん中のマスにくるように1辺が3こ
の正方形をつくると，「4」がつくれなくな
るので，次のように，「9」が上のマスにく
るように正方形をつくります。

次に，2つの「4」のところは，それぞれ，マ
スが一列に4こならんだ長方形になります。
「3」はたてにマスが3こならんだ長方形に
なります。のこりの「5」は，横に一列にマ
スが5こならんだ長方形になります。

答え ⑴　⑵

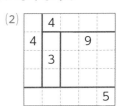

81

28 ジュースのビンをこうかんしよう …P30

(1) ジュースＡの空きビン4本は，新しいジュースＡ1本とこうかんできます。12本の空きビンは，新しいジュース3本とこうかんできます。ですから，全部で15本飲むことができます。

(2) ＜ジュースＡを26本買ったとき＞
　26本のジュースＡを飲んで，そのうちの24本の空きビンを，新しいジュース6本とこうかんすると，2本の空きビンがのこります。
　新しいジュース6本を飲むと，空きビンは合計8本となり，さらに2本の新しいジュースとこうかんできます。
　新しいジュース2本を飲むと，2本の空きビンがのこりますが，これ以上新しいジュースとこうかんすることはできません。
　ですから，ジュースＡを合計で，
　26＋6＋2＝34（本）飲むことができます。
　＜ジュースＢを27本買ったとき＞
　27本のジュースＢを飲んで，そのうちの25本の空きビンを，新しいジュース5本とこうかんすると，2本の空きビンがのこります。
　新しいジュース5本を飲むと，空きビンは合計7本となり，さらに1本の新しいジュースとこうかんできて，2本の空きビンがのこります。
　新しいジュース1本を飲むと，空きビンは合計3本となりますが，これ以上新しいジュースとこうかんすることはできません。
　ですから，ジュースＢを合計で，
　27＋5＋1＝33（本）飲むことができます。
　ですから，ジュースＡのほうが多く飲むことができます。

答え (1) 15本　　(2) ジュースＡ

29 カードの数字 …P31

まきさんの話から，のこった1まいのカードの数字は2でわれる数だから，まきさんには1と3が見えていることがわかり，ひろしさんの話から，ひろしさんの持っているカードが1でも2でもないことから，ひろしさんには1と2が見えていることがわかります。

	見えているカード	持っているカード
まきさん	1と3	2か4
ゆみさん		
ひろしさん	1と2	3か4

まきさんとひろしさんの2人から，1のカードが見えていて，まきさんとひろしさんの2人が持っているカードに1はないことから，ゆみさんが持っているカードは1とわかります。3人の話から，ひろしさんが持っているカードは3，まきさんが持っているカードは2です。

答え まきさん…2　ゆみさん…1
　　　　ひろしさん…3

30 線路のカード …P32

線路が，カードのどこを通っているのかに注目します。
❶に入るカードは，線路の真ん中を通っているので，◐になります。
❶に◐のカードを入れると，

になるので，❷に入るカードは，⑤になります。
❹に入るカードは，ゴールの線路の場所から考えると，②になり，❸のカードは⑥になります。

答え ❶ ◐　❷ ⑤　❸ ⑥　❹ ②

31 黒と白の石 ·················· P33

(1) ○○○●の4こを1組として考えると，

30 ÷ 4 ＝ 7 あまり2で，○○○●が7回くり返されたあと，

○○○●…○○○●○○
　4 この組が7回　　↑　　↑
　　　　　　　　　30番目
　　はじめから28番目

とつづきますから，30番目は白です。

(2) 4こ1組の中に，○は3こあります。白の石をちょうど50こならべたとき，

50 ÷ 3 ＝ 16 あまり2で，○○○●が16回くり返されたあと，

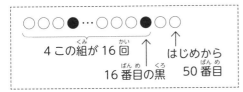

○○○●…○○○●○○
　4 この組が16回　↑　　↑
　　　　　　16番目の黒　はじめから50番目

とつづきますから，黒の石は16こならべたことがわかります。

(3) 黒の石を14こならべたとき，4この組をちょうど14回くり返したことになりますから，石は全部で，4 × 14 ＝ 56（こ）ならんでいます。はじめから数えて56番目が，14番目の黒の石となります。

答え (1) 白　　(2) 16こ　　(3) 56番目

32 さいころの面の数 ·················· P34

1つのさいころの向かい合う面の数をたすと7になり，2つのさいころのくっついた面の数をたすと5になることから，図の見えない部分の面の数がどのようになっているかを考えていくと，次のようになります。

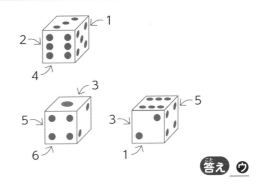

答え ウ

33 筆算 ·················· P35

右の図のように，ア～オとします。

$$\begin{array}{c} \boxed{ア}\boxed{イ} \\ -\quad\boxed{ウ} \\ \hline \boxed{エ}\boxed{オ} \end{array}$$

エ は，十の位からのくり下がりがないと，ア と同じ数になってしまいます。このことから，ア は エ より1大きい数になることがわかります。

- エ が4，ア が5のとき，のこりの2，6，8を使って，

  イ ＋ 10 － ウ ＝ オ

  とすることはできません。

- エ が5，ア が6のとき，のこりの2，4，8を使うと，

  イ ＝ 2，ウ ＝ 4で，オ ＝ 8とすると，

  イ ＋ 10 － ウ ＝ オ

  となり，うまくいきます。

また，イ ＝ 2，ウ ＝ 8で，オ ＝ 4としても，うまくいきます。

答え

$$\begin{array}{c} 6\;2 \\ -\quad\;4 \\ \hline 5\;8 \end{array} \quad\text{または}\quad \begin{array}{c} 6\;2 \\ -\quad\;8 \\ \hline 5\;4 \end{array}$$

（4と8は入れかわってもよい。）

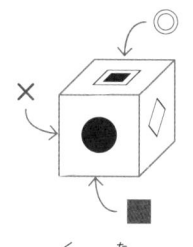

34 やくそくどおりに P36

(1) 7・8では，右の数が左の数より大きいので右のマスをぬります。

(2) 6・3では，左の数が右の数より大きいので左のマスをぬり，2つの数をたして9になるので上のマスもぬります。

(3) 3・9では，右の数が左の数より大きいので右のマスをぬり，一方の数がもう一方の数の3倍になっているので下のマスもぬります。

(4) 12・4では，左の数が右の数より大きいので左のマスをぬり，一方の数がもう一方の数の3倍になっているので下のマスもぬります。

答え

(1) 7・8　　(2) 6・3

(3) 3・9　　(4) 12・4

(1) 下の図のように組み立てたとき，◇と向かい合う面（あ）は×，◎と向かい合う面（い）は●です。

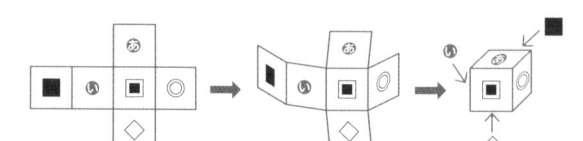

(2) 下の図のように組み立てたとき，■と向かい合う面（あ）は■，●と向かい合う面（い）は◎です。

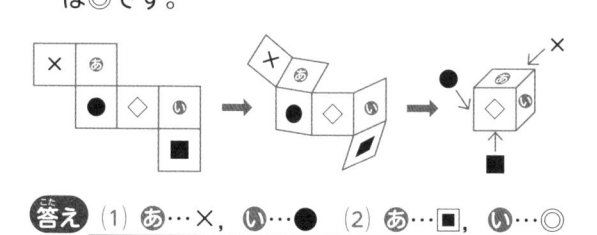

答え　(1) あ…×，　い…●　　(2) あ…■，　い…◎

35 箱のもよう P37

3つの図から，6つのもようがあることがわかります。

■ ● ◇ ◎ × ■

■と×の図から，◇の反対がわにあるもようは，×とわかり，●の反対がわにあるもようは，◎とわかります。

また，●と■の図から，■の反対がわにあるもようは，■とわかります。

このことから，さいころの見えない面のもようは次のようになることがわかります。

ステップ2

36 地図 ・・・・・・・・・・・・・・・・・・・・・・・・P38

男の子は，矢じるしの向きに真っすぐ進んで，2つ目の角を左に曲がるので，図の**あ**のようになります。

次の角を右に曲がるので，図の**い**のようになります。

3つ目の角を右に曲がるので，図の**う**のようになります。

2つ目の角に犬がいるので，図の**え**のようになります。

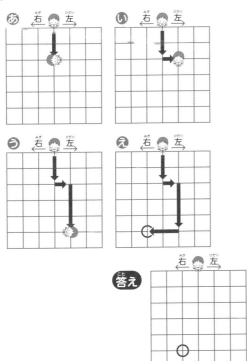

37 3本のひも ・・・・・・・・・・・・・・・・・・・P39

(1) 次のように，**い**と**う**のひもは，はなすことができません。

あのひもは，**い**と**う**のひもの外がわにあるので，はなすことができます。

(2) **あ**のひもを**い**のひもからはなそうとすると，**う**のひもにひっかかります。

うのひもにひっかかる。

あと**い**も，**あ**と**う**も，はなすことができないので，3本ともはなすことができません。

答え (1) **あ**のひもだけはなすことができる。

(2) 3本ともはなすことができない。

38 4けたの数 ・・・・・・・・・・・・・・・・・・・P40

(1) 1→4，2→3，3→1，4→2
のように数をかえるきまりがあります。
2314は，下のように3142にかわります。

打ちこむ数	2	3	1	4
	↓	↓	↓	↓
答え	3	1	4	2

(2) (1)とぎゃくに考えます。
答えが3になるために打ちこむ数は2
答えが4になるために打ちこむ数は1
答えが1になるために打ちこむ数は3
答えが2になるために打ちこむ数は4
ですから，下のようになります。

打ちこむ数	2	1	3	4
	↓	↓	↓	↓
答え	3	4	1	2

答え (1) 3142　　(2) 2134

39 みさきさんのお兄さん ……… P41

あやかさんのお兄さんは，ぼうしをかぶっていて，めがねをかけていませんから，う，かのどちらかです。

みさきさんのお兄さんは，あやかさんのお兄さんのとなりにいて，めがねをかけていません。

そこで，あやかさんのお兄さんがうだとすると，みさきさんのお兄さんは，となりでめがねをかけていないえになります。

あやかさんのお兄さんがかだとすると，となりのおはめがねをかけているので，みさきさんのお兄さんではありません。

ですから，みさきさんのお兄さんは，えに決まります。

答え え

40 土地のまわりの長さ ………… P42

下の図のように長さのわからない辺を動かして考えます。

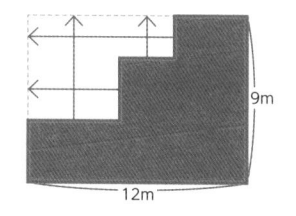

9m

12m

だんになっている部分のたての2本の辺を左に動かすと，左のたての合計の9mの長さの辺になることがわかります。同じように，横の2本の辺を上に動かすと，上の横が合計12mの辺になります。

すると，たてが9m，横が12mの長方形とまわりの長さが同じだとわかります。

　9 + 9 + 12 + 12 = 42　(m)

答え 42m

41 ○×クイズ ………………… P43

(1) みくさんとゆかさんをくらべると，4問目だけ○と×がちがいます。

ゆかさんのほうがみくさんより1点だけとく点が高いので，4問目はゆかさんが当たったことがわかります。

ですから，4問目の正しい答えは○です。

(2) けんたさんは4点ですから，けんたさんは1問だけまちがえたことがわかります。

(1)から，4問目の正しい答えは○ですから，けんたさんは4問目をまちがえたことになります。ですから，正しい答えは，下のようになります。

1問目	2問目	3問目	4問目	5問目
×	×	○	○	×

この表と，こうじさんがえらんだ○×とくらべると，こうじさんは，1問目と4問目と5問目だけ当たったことがわかりますから，とく点は3点です。

答え (1) ○ (2) 3点

42 見える数字は？ ……………… P44

上から見たとき，上の面はあの部分が見えて，下の面はいの部分が見えます。

あ　い

(1) あといを合わせると右のように見えます。

前から見たとき，手前の面はうの部分が見えて，おくの面はえの部分が見えます。

う　え

(2) うとえを合わせると右のよう
に見えます。

答え (1) ア　(2) ロ

43 たし算のルール ·············· P45

(1) ❶

| 6 | 1 | 4 | 8 |
| | | | |

　　7　5　2
　　　2　7
　　　　9

❷

| 2 | 4 | 9 | 6 |

　　6　3　5
　　　9　8
　　　　7

(2) あと5をたした答えの一のくらいが1のと
き，あ＋5＝11ですから，
あ＝11－5＝6です。
いと9をたした答えの一のくらいが6のと
き，い＋9＝16ですから，
い＝16－9＝7です。
うと2をたした答えの一のくらいが7のと
き，う＋2＝7ですから，
う＝7－2＝5です。

答え (1) ❶ 9 　❷ 7
(2) あ…6, い…7, う…5

44 時計 ·············· P46

(1) 20分すすんでいますから，今の時こくは5
時の20分前で，4時40分です。

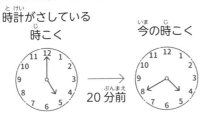

時計がさしている
時こく　　　　　今の時こく
　　　　　　　　20分前

(2) 30分前に5時をさしていますから，30分
おくれている時計は今は5時30分をさして

います。
時計は30分おくれていますから，今の正し
い時こくは，
　　5時30分＋30分＝6時

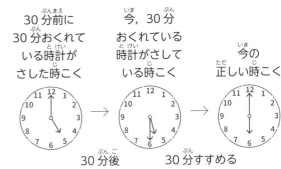

30分前に　　　　　今，30分
30分おくれて　　　おくれている
いる時計が　　　　時計がさして
さした時こく　　　いる時こく
　　　　　　　　　　　　　　　今の
　　　　　　　　　　　　　　　正しい時こく

　　　30分後　　　30分すすめる

答え (1) 4時40分
(2) 30分おくれて
いる時計　　　正しい時計

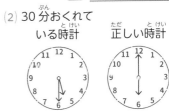

45 かわるもよう ·············· P47

(1) 1つ1つのもようについて調べていきます。

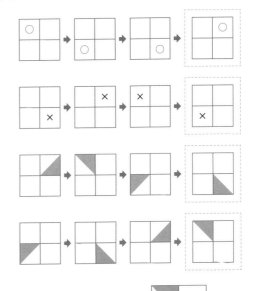

4つの ☐ をまとめると，　　　になります。

(2) (1)と同じようにして, 調べていきます。

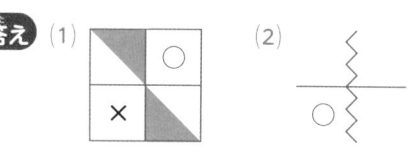

3つの ▨ をまとめると, ┈┈ になります。

答え (1)

	○
×	

(2) ⌇

---

46 **計算のきかい** ⋯⋯⋯⋯⋯⋯⋯P48

それぞれのきかいは, あのきかいは5をかける, いのきかいは3をたす, うのきかいは2をひく, えのきかいはたすと10になる数にかわります。

(1) きかいに入れたらどうなるかをじゅん番に考えます。

4 → い → 7 (4＋3＝7)

7 → う → 5 (7－2＝5)

5 → え → 5 (10－5＝5)

5 → あ → 25 (5×5＝25)

(2) 同じように, じゅん番に考えると,

2 → い → 5 (2＋3＝5)

5 → い → 8 (5＋3＝8)

8を入れると2になるきかいをさがします。

8 → あ → 40 (8×5＝40)

8 → い → 11 (8＋3＝11)

8 → う → 6 (8－2＝6)

8 → え → 2 (10－8＝2)

となるので, □に入るのはえです。

---

(3) ぎゃくから考えます。

□ → え → 3となるのは, 10－□＝3より, 10－3＝7です。

□ → い → 7となるのは, □＋3＝7より, 7－3＝4です。

□ → う → 4となるのは, □－2＝4より, 4＋2＝6です。

答え (1) 25 (2) え (3) 6

---

47 **前から何番目** ⋯⋯⋯⋯⋯⋯⋯P49

次のように, あ〜こ とします。

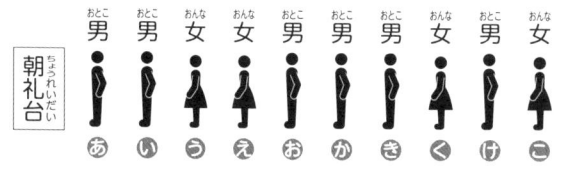

ヒント❶より, こうじさんのすぐ後ろにいるのは女の子ですから, こうじさんはいかきかけです。

後ろにならんでいる男の子と女の子の人数はそれぞれ, いのときは男の子4人, 女の子4人, きのときは男の子1人, 女の子2人, けのときは男の子0人, 女の子1人ですから, ヒント❷より, こうじさんはきかけです。

ヒント❸より, こうじさんのすぐ前にいるのがけんたさんで, すぐ前に男の子がいるのはきとけではきです。

ですから, けんたさんはかで, 前から6番目です。

答え 6番目

---

48 **12まいのカードと3つの箱** ⋯⋯⋯⋯P50

(1) あ, い, うに入るカードの数をじゅんに書くと, 次の表のようになります。

88

あの箱	いの箱	うの箱
1 →	2 →	3
	4	
5 ←	6 →	7
	8	
9 →	10 →	11
	12	

ですから，$\boxed{12}$ はいの箱に入ります。

(2) 上の表から，うの箱に入っているのは3，7，11のカードということがわかります。

ですから，うの箱に入っているカードの数を全部たすと，

$3 + 7 + 11 = 21$

になります。

答え (1) **い** (2) 21

49 11このとびら ……………P51

(1) 下の図のように，行き止まりをそれぞれ⑦～⑦とします。

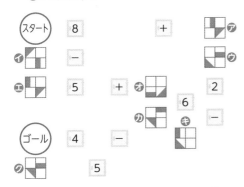

スタート→$\boxed{8}$→$\boxed{+}$→⑦（行き止まり）

⑦と⑦が同じ形なので，

⑦→$\boxed{5}$→$\boxed{-}$→$\boxed{2}$→⑦（行き止まり）

⑦が2つ目の行き止まりです。

ここまで通ったとびらから，じゅん番に計算すると，

$\boxed{8}\boxed{+}\boxed{5}\boxed{-}\boxed{2} = 11$

となります。

(2) (1)のつづきを考えます。

---

⑦と**イ**は同じ形なので，

イ→$\boxed{-}$→$\boxed{6}$→**キ**（行き止まり）

キと**オ**は同じ形なので，

オ→$\boxed{+}$→$\boxed{5}$→**エ**（行き止まり）

エと**カ**は同じ形なので，

カ→$\boxed{-}$→$\boxed{4}$→ゴール

ですから，下のとおりになります。

$\boxed{8}\boxed{+}\boxed{5}\boxed{-}\boxed{2}\boxed{-}\boxed{6}\boxed{+}\boxed{5}\boxed{-}\boxed{4} = 6$

答え (1) 11 (2) 6

50 ちゅう車場 ……………P52

3つの辺にとめることができるのは，$8 \times 3 = 24$（台）です。

真ん中は，5台とめることができる場所が2つあるので，$5 \times 2 = 10$（台）です。

合わせて，$24 + 10 = 34$（台）とめられます。

答え 34台

51 時こく表 ……………P53

「学校前」から「公園前」までは15分かかります。

「学校前」を6時10分に出発したバスは，15分後の6時25分に「公園前」に着きます。

このように，「学校前」を出発したバスが「公園前」に何時に着くかを，「学校前」を8時05分に出発するバスからじゅんに考えます。

学校前	→	公園前
8時05分	→	8時20分
8時10分	→	8時**い**分
8時20分	→	8時35分
8時40分	→	8時55分
8時55分	→	9時**う**分
9時10分	→	9時25分
9時**あ**分	→	9時35分
9時35分	→	9時50分
9時50分	→	10時05分

上の表より，◎は8時10分の15分後になりますから，◎には25があてはまります。

◐は8時55分の15分後ですから，◐には10があてはまります。

◑は9時35分の15分前になりますから，◑には20があてはまります。

答え ◑…20，◎…25，◐…10

52 板にぬるペンキ ……………P54

(1) ペンキをぬる面が半分になるので，使うペンキも半分になります。

(2) 三角形の板を4まい使っていますが，右の図のように，ペンキをぬる面は三角形の板3まい分です。

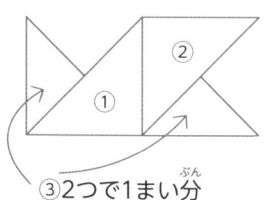

③2つで1まい分

ですから，ペンキは全部で，

　12×3＝36（本）

(3) 三角形の板4まいをぬるためには，ペンキは全部で，

　12×4＝48（本）

使います。

(2)では，36本のペンキを使ったので，ペンキがぬられていない面には，

　48－36＝12（本）

のペンキを使います。

答え (1) 12本 (2) 36本 (3) 12本

53 パンのねだん ……………P55

●と❷をくらべると，

　●（チョコレートパン）＋（クリームパン）
　　　　　　　　　　　　　＝220円

　❷（ジャムパン）＋（チョコレートパン）
　　　　　　　　　　　　　＝240円

チョコレートパンは同じで，●のほうが20円安いですから，クリームパンのほうがジャムパンより安いことがわかります。

●と❸をくらべると，

　●（チョコレートパン）＋（クリームパン）
　　　　　　　　　　　　　＝220円

　❸（クリームパン）＋（ジャムパン）＝230円

クリームパンは同じで，●のほうが10円安いですから，チョコレートパンのほうがジャムパンより安いことがわかります。

❷と❸をくらべると，

　❷（ジャムパン）＋（チョコレートパン）
　　　　　　　　　　　　　＝240円

　❸（クリームパン）＋（ジャムパン）＝230円

ジャムパンは同じで，❸のほうが10円安いですから，クリームパンのほうがチョコレートパンより安いことがわかります。

まとめると，安いじゅんに，クリームパン，チョコレートパン，ジャムパンとなります。

答え （安いじゅんに）

クリームパン→チョコレートパン→ジャムパン

54 何時何分？ ……………P56

買い物に行く前は1時50分です。

1時間たつと2時50分，それから10分たつと3時，3時から30分たつと，1時50分の1時間40分後の時間になります。

ですから，家に帰ったときは3時30分です。

3時30分の時計の短いはりは3と4の目もりの真ん中をさし，長いはりは6の目もりをさすので，右の図のようになります。

答え

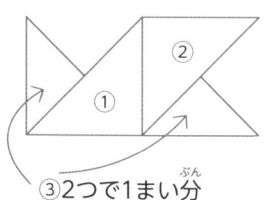

55 ぼうしの色 ·············P57

3人とも名前とはちがう色のぼうしをかぶっているので，
- 黒井さんは，白か青
- 白田さんは，黒か青
- 青山さんは，黒か白

になります。
「そうだね。」と答えた白いぼうしをかぶった人は，青山さんではありませんから，黒井さんとわかります。

答え 黒井さん…白色，白田さん…青色
青山さん…黒色

56 さいころの形を作ろう ········P58

(1) さいころを横に4つつないだ形は，次の図のようになり，ねん土玉はあと8こいります。

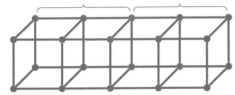

はじめに作った部分　新しく作る部分

(2) 上の図から，ひごはあと16本いります。
(3) さいころを横に5つつないだ形は，次の図のようになります。

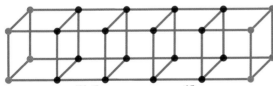

ひごが4本出ているのは，黒くぬったねん土玉ですから，16こあります。
(4) 上の図で，ひごが3本出ているのは黒くぬっていないねん土玉ですから，8こあります。

答え (1) 8こ　(2) 16本　(3) 16こ　(4) 8こ

57 さいころの数字 ·············P59

さくらさんの前にあるさいころの見えている面と向かい合う面の数について考えます。
さいころは，向かい合う面の数をたすと7になります。7から，さくらさんが見えている面の数をそれぞれひくと，

$$7-1=6$$
$$7-3=4$$
$$7-2=5$$

となります。

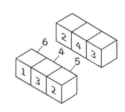

☆が指す，くっついている面の数をたすと8になるので，8からそれぞれの数をひくと，

$$8-6=2$$
$$8-4=4$$
$$8-5=3$$

となり，6，4，5の面にくっついた面の数は，それぞれ2，4，3とわかります。

ですから，はやとさんの見えている面の数はそれぞれ，

$$7-2=5$$
$$7-4=3$$
$$7-3=4$$

となるので，はやとさんから見て左からじゅんに，4，3，5となります。

答え | 4 | 3 | 5 |

58 何こ使われているかな ·········P60

(1) 0は，10，20，30，…，80，90，100に使われています。

10から90までに9こ，100に2こ使われていますから，全部で，

9 + 2 = 11（こ）

(2) 1は，1，11，21，31，…，71，81，91で11こ使われていて，12，13，…，18，19で8こ使われています。（11で2こ使われています。）

また，この他に，10と100で2こ使われていますから，全部で，

11 + 8 + 2 = 21（こ）

答え (1) 11こ　(2) 21こ

---

59 回る歯車 ⋯⋯⋯⋯⋯⋯⋯⋯P61

矢じるしと反対の向きに歯1まい分回ると，11と16が向かい合います。さらに，もう1まい分回ると，12と17が向かい合います。

ですから，全部たすと，

11 + 16 + 12 + 17 = 56

となります。

答え 56

---

60 4人が来た時こく ⋯⋯⋯P62

いちばん早い人は待ち合わせの時こくの10分前なので，10時30分に来たとわかります。あとの3人は，その10分後，15分後，25分後に来たので，10時40分，10時45分，10時55分に来たとわかります。

さとるさんが待ち合わせの時こくの10時40分よりおそく来たことと，とうまさんがさとるさんよりおそく来たことから，さとるさんは10時45分，とうまさんは10時55分に来たことがわかります。

また，しんじさんは，りくさんより早く来たことから，しんじさんは10時30分，りくさんは10時40分に来たことがわかります。

答え さとるさん…10時45分
しんじさん…10時30分
とうまさん…10時55分
りくさん……10時40分

---

61 おり紙のじゅん ⋯⋯⋯⋯⋯⋯P63

次の図のように，おり紙を1まいずつはがして考えていきます。

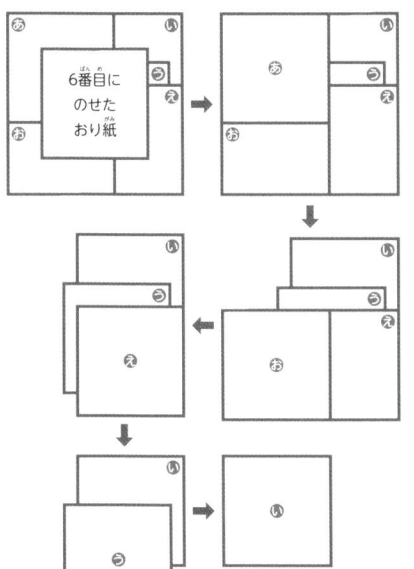

答え 1番目…い，2番目…う，3番目…え
4番目…お，5番目…あ

---

62 食べ物をこうかんしよう ⋯⋯P64

(1) バナナ14本はりんご10ことこうかんできますから，バナナ28本はりんご20ことこうかんできます。

りんご4こはにんじん5本とこうかんできますから，次のようになります。

92

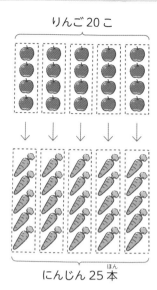

りんご20こ

にんじん25本

ですから、りんご20こはにんじん25本とこうかんできます。

つまり、バナナ28本はにんじん25本とこうかんできます。

(2) にんじん5本はりんご4ことこうかんできますから、にんじん30本はりんご24ことこうかんできます。

このりんごのうち、19こを食べたので、のこりは、

24－19＝5（こ）

りんご10こはバナナ14本とこうかんできるので、りんご5こ（りんご10この半分）はバナナ7本（バナナ14本の半分）とこうかんできます。

答え (1) 25本 (2) 7本

63 マッチぼう ·····P65

3本のマッチぼうを右の図のように動かすと、次の図のような3つの正方形をつくることができます。

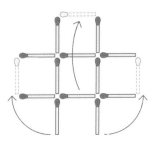

答え

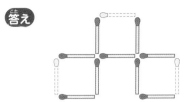

（動かしたあとのマッチぼうは点線で表す。）

64 けい子さんはだれでしょう·····P66

ちなつさん（ぼうしの人）と、よし子さん（花の人）の間に1人の人がいますから、

ちなつさんが**い**のとき、よし子さんは**え**

ちなつさんが**う**のとき、よし子さんは**あ**

のどちらかです。

えりさん（ぼうしの人）と、まり子さん（花の人）の間には2人の人がいますから、えりさんは**う**、まり子さんは**か**に決まります。

えりさんが**う**なので、ちなつさんが**い**でよし子さんが**え**に決まります。

あ	**い**	**う**	**え**	**お**	**か**
ちなつさん	えりさん	よし子さん			まり子さん

のこった**あ**と**お**で、花を持っているのは**あ**ですから、けい子さんは**あ**です。

答え **あ**

65 曲がって曲がって ……P67

(1) 下の図のようになります。

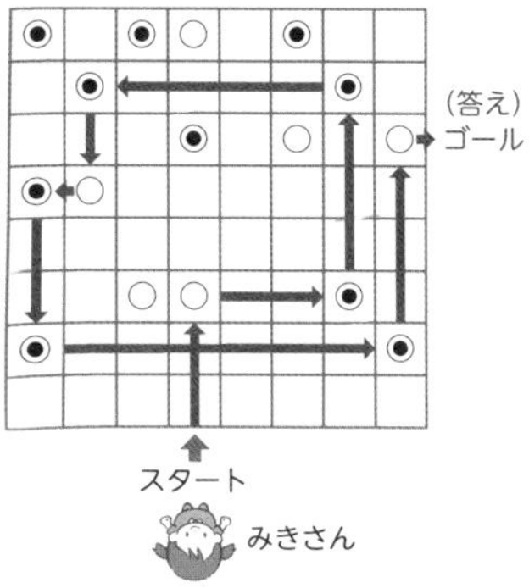

(2) 下の図の色をつけたところに来たところで，いの方向へ向かうようにすればよいです。

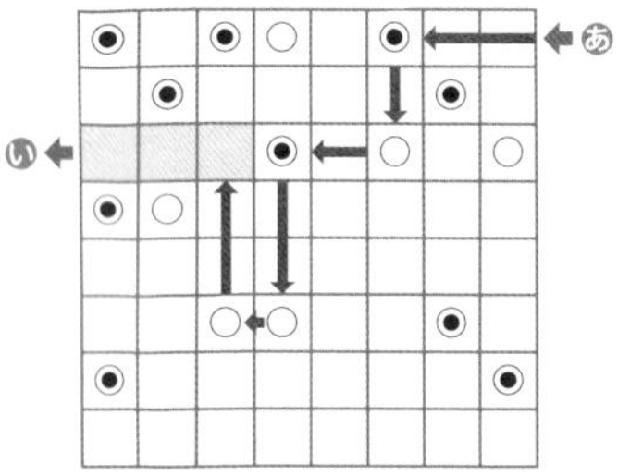

下の図のように，上から3番目，左から3番目のマスに⊙をつけると，いにゴールすることができます。

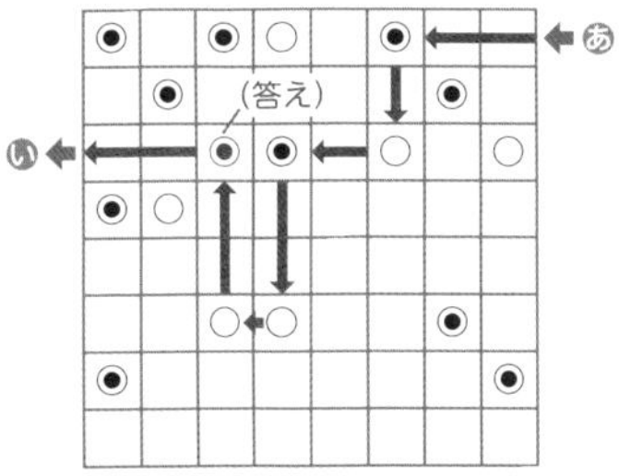

下の図のように，上から3番目の左から1番目のマスに○をつけても，いにゴールすることができます。

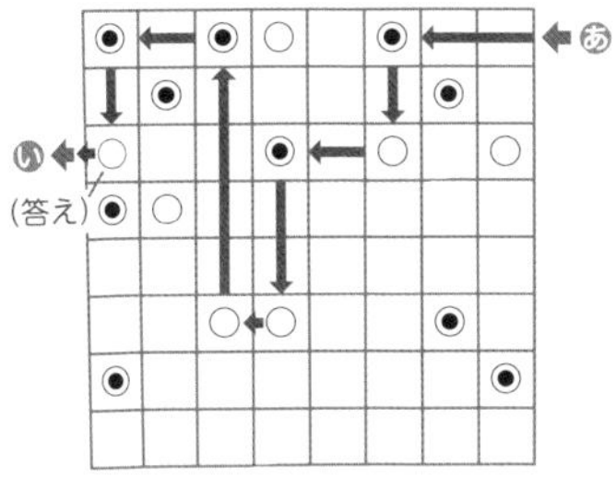

66 歩いて何分？ ……P68

(1) こうじさんの家からそれぞれの家まで歩いて行くときにかかる時間を全部たしてもとめます。下の図のようにたした時間を書いていきます。

ただし，このとき，行き方がいろいろあるときには，短いほうの時間を考えます。

いちばん時間がかかるのはみさきさんの家で，13分かかります。

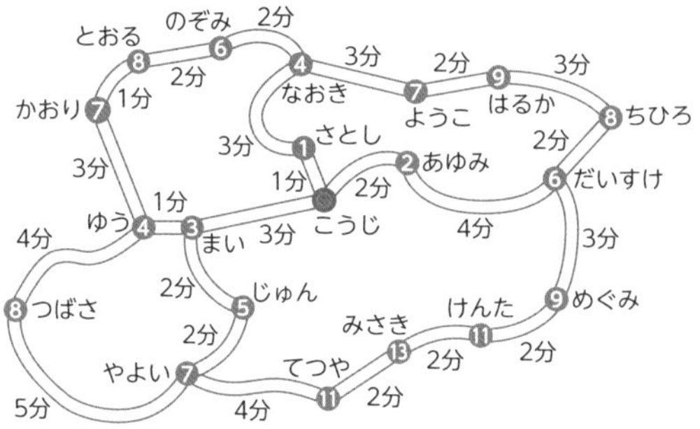

(2) こうじさんの家から10分歩いても行けないのは，上の図からてつやさん，けんたさん，みさきさんの家です。

(3) めぐみさんの家から(1)と同じように書いてみると，次の図のようになります。

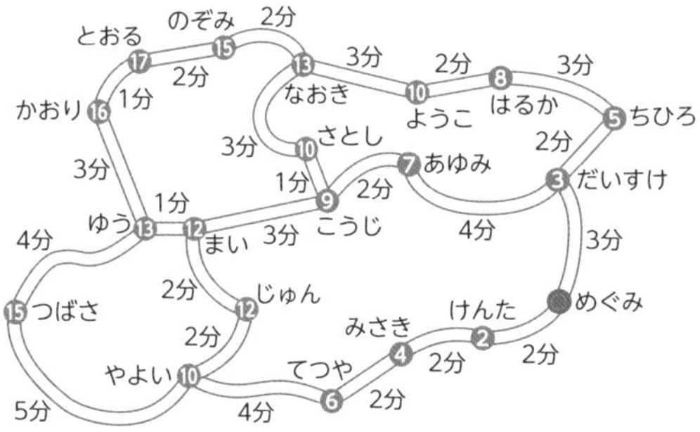

答え (1) みさきさんの家で，13分かかる。

(2) てつやさん，けんたさん，みさきさん

(3) とおるさんの家で，17分かかる。

67 たん生日はいつ？ ……………P69

あ，**い**，**う**から，下のようになります。

　　　　先に生まれた ←———→ あとに生まれた

あ | おさむさん | ←———→ | けんじさん |

い | なおみさん | ←———→ | おさむさん |

う | けんじさん | ←———→ | ゆきさん |

同じ名前がそろうようにならべかえると，次のようになります。

あ 　　　　　おさむさん → けんじさん

い なおみさん ← おさむさん

う 　　　　　　　　　　けんじさん → ゆきさん

平成26年　　平成26年　　平成27年　　平成27年
6月23日　　10月31日　　2月16日　　3月8日

答え

生まれた年・月・日	名前
平成26年 6月23日	なおみさん
平成27年 3月8日	ゆきさん
平成26年10月31日	おさむさん
平成27年 2月16日	けんじさん

68 じゅん番 ………………………P70

ならんでいる子どもを，前から**あ**〜**ち**とします。

あいうえおかきくけこさしすせそたち

（前） 👤👤👤👤👤👤👤👤👤👤👤👤👤👤👤👤👤 （後ろ）

男女男女男男男女男女男男女女男男女

④より，「かず」さんのすぐ後ろにいるのは女の子で，**②**，**③**より，「かず」さんの3人後ろにいるのが「そら」さんという名前の女の子ですから，「かず」さんは，**あ**，**き**のうちのどちらかです。

①より，「かず」さんの後ろには，男の子と女の子が同じ人数ならんでいるので，それぞれ，後ろにならんでいる男の子と女の子の数を数えてみると，

あ…男の子9人，女の子7人

き…男の子5人，女の子5人

ですから，**き**が「かず」さんで，その3人後ろの**こ**が「そら」さんで，後ろには7人がならんでいます。

答え 7人

69 1人ずつしかわたれない橋 ……P71

(1) まず，下の図のように，4人が右の岸に行きます。これに15分かかります。

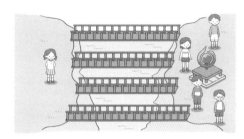

のこりの1人が橋をわたるのに15分かかるので，全員が右の岸に行くのに，

15 + 15 = 30 （分）かかります。

(2) まず4人が右の岸に行きます。これに15分かかります。

次に，下の図のように写真をとった4人のうちの3人が左の岸にもどり，のこりの1本の橋をわたって，左の岸にのこっていた1人が右の岸に行きます。これに15分かかります。

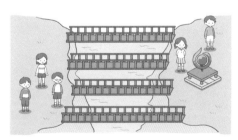

さいごに，右の岸にのこっている2人が左の岸にもどります。これに15分かかります。

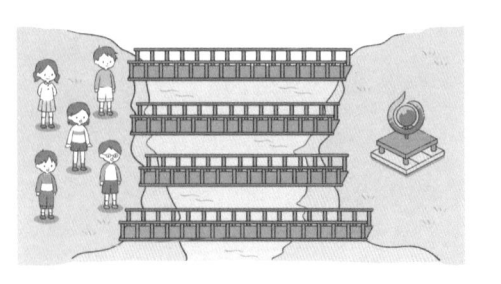

ですから，全員が写真をとって左の岸にも
どってくるまでに，

$$15 + 15 + 15 = 45（分）$$

かかるので，午前10時45分にスタートし
ていちばん早く終わる時こくは，

$$10時45分 + 45分 = 11時30分$$

となります。

答え ⑴ 30分　⑵ 午前11時30分

70 2まいのカード P72

⑴ 黒い点が重なるように**あ**のカードを回すと，
下のようになります。

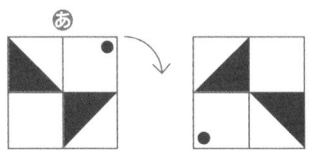

回した**あ**のカードを，**い**のカードの上に重
ねます。

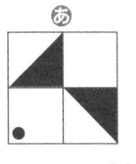 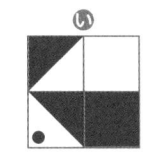

すると，下のようになります。

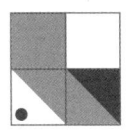

⑵ はい色になる部分は四角1こと三角2こで
す。四角1こと三角2こ分ですから，合わ
せて三角4こ分になります。

答え ⑴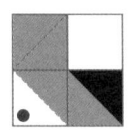

⑵ 4こ分

ステップ1 練習問題

1問終わったら，「やったね！すごい！シール」をはってね！
やった問題の番号にはろう！ステップ2はうらにあるよ。

ステップ2 過去問

1問終わったら，「やったね！すごい！シール」をはってね！
やった問題の番号にはろう！ ステップ1は表にあるよ。

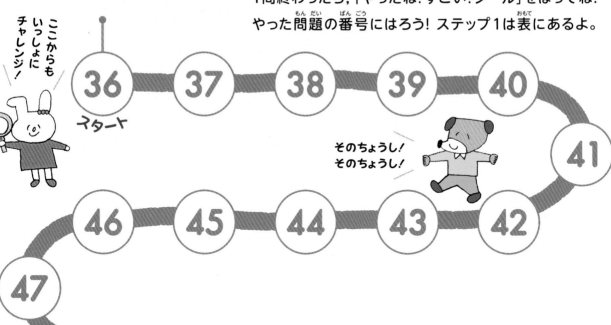

ここからもいっしょにチャレンジ！

36 スタート　37　38　39　40

41

そのちょうし！そのちょうし！

46　45　44　43　42

47

48　49　50　51　52

53

ちょうど折り返し地点まできたよ！

58　57　56　55　54

59

考えるれんしゅうが進んできたね！

60　61　62　63　64

65

ゴール

70問できたね！とてもよくがんばったね！おめでとう！

もうちょっとでゴールだよ！

70　69　68　67　66